全氟羧酸类化合物
毒性和降解研究

刘娇琴 著

中国矿业大学出版社
·徐州·

内 容 提 要

本书以全氟羧酸类化合物及其替代物和前体物为研究对象,探究其在直接光降解体系和不同固体颗粒物表面的光降解转化行为,明确不同反应体系,即溶液 pH 值、无机离子、腐殖质、水体和固体颗粒物类型等因素的影响,揭示反应中间产物,并结合理论计算阐明全氟羧酸类化合物及其替代物和前体物在不同反应体系中的反应路径和降解机理,为水环境和大气环境中全氟羧酸类污染物的去除提供一定的理论依据,具有重要的科学价值和实际环境意义。

本书可供从事水污染控制、新兴有机污染物防治以及相关领域的工程技术人员与科研人员参考,也可供高等院校环境工程、环境科学和环境化学等专业的师生参考阅读。

图书在版编目(CIP)数据

全氟羧酸类化合物毒性和降解研究 / 刘娇琴著.
徐州 : 中国矿业大学出版社,2024.6. — ISBN 978-7-5646-6296-7

Ⅰ. O622.5

中国国家版本馆 CIP 数据核字第 202410H9H9 号

书　　名	全氟羧酸类化合物毒性和降解研究
著　　者	刘娇琴
责任编辑	陈红梅
出版发行	中国矿业大学出版社有限责任公司
	(江苏省徐州市解放南路　邮编 221008)
营销热线	(0516)83885370　83884103
出版服务	(0516)83995789　83884920
网　　址	http://www.cumtp.com　E-mail:cumtpvip@cumtp.com
印　　刷	苏州市古得堡数码印刷有限公司
开　　本	787 mm×1092 mm　1/16　印张 10　字数 190 千字
版次印次	2024 年 6 月第 1 版　2024 年 6 月第 1 次印刷
定　　价	38.00 元

(图书出现印装质量问题,本社负责调换)

前言

全氟化合物(PFCs)是一类人工合成的含氟有机化合物,其连接于疏水性碳链上的氢全部被氟取代,并与各种亲水性基团相连。因此,PFCs具有优良的疏水疏油性能、低的表面张力、高的表面活性及化学稳定性。20世纪50年代以来,PFCs被作为表面活性剂和保护剂,广泛应用于纺织、造纸、包装、农药、地毯、皮革、地板打磨、洗发香波和灭火泡沫等工业和民用领域。

作为一类代表性的全氟化合物,全氟羧酸(PFCAs)已经引起了人们的高度关注。PFCAs由全氟烷基和羧基组成,结构通式为$C_nF_{2n+1}COOH$,可在生产、运输、使用和处置过程中进入环境。据统计,1951—2004年,PFCAs的全球总排放量达到3 200~7 300 t,其中有6~130 t的PFCAs是由其前体物质转化生成的。这类化合物中含有稳定的C—F共价键(能量可高达544.18 kJ/mol),难以被水解、光解、微生物降解及动物体代谢。它们还会随食物链和食物网的传递,在生物体内富集,以至于放大到较高浓度。2009年,《斯德哥尔摩公约》将全氟化合物中的全氟辛基磺酸(PFOS)及其盐类定为持久性有机污染物。我国自2014年3月26日起,禁止PFOS及其盐类除特定豁免和可接受用途外的生产、流通、使用和进出口。英格兰和威尔士饮用水监察局在2009年将全氟辛酸(PFOA)和PFOS的健康基准值分别定为5.0 μg/L和1.0 μg/L。2016年,美国环境保护署(EPA)将饮用水中PFOA和PFOS的健康指导值定为0.07 μg/L。2023年美国宣布拟制定国家初级饮用水法规(NPDWR)标准,对6种全氟化合物(PFASs)提出限值,其中将饮用水PFOA的限值降至4.0 ng/L。

我国已在 2022 年将 PFOA 列入了《生活饮用水卫生标准》(GB 5749—2022)的附录 A 中，并规定了其含量限值为 80 ng/L。2023 年 3 月 1 日施行的《重点管控新污染物清单》(2023 年版)也将 PFOA 类全氟化合物纳入了管控范围。

目前 PFCAs 降解方法大多存在各种缺陷，如反应条件苛刻及能耗高等。光降解方法由于其操作简单，二次污染潜能低且降解效率高等特点，近年来被广泛应用到科学研究中。但研究者对于 PFCAs 的研究主要集中于 PFOA，且对其他不同碳链长度全氟羧酸以及替代物等的光降解行为研究甚少。

本书以全氟羧酸类化合物及其替代物和前体物为研究对象，探究其在直接光降解体系和不同固体颗粒物表面的光降解转化行为，明确不同反应体系，即溶液 pH 值、无机离子、腐殖质、水体和固体颗粒物类型等因素的影响，揭示反应中间产物，并结合理论计算阐明了全氟羧酸类化合物及其替代物和前体物在不同反应体系中的反应路径和降解机理。

本书的出版获得了中北大学 2020 年科研启动经费资助，所研究成果均反映在书中。此外，本书在编写过程中参考了部分相关领域的文献，引用了国内外许多专家和学者的成果和图表资料，谨此向相关文献作者致以谢忱。

限于编写时间和学术水平，书中不足和疏漏之处在所难免，敬请广大读者批评指正。

著 者
2024 年 1 月

目　录

第1章　绪论··· 1
  1.1　PFCAs的环境存在及危害·· 1
  1.2　PFCAs的去除方法·· 4
      1.2.1　物理去除法
      1.2.2　生物降解法
      1.2.3　热化学降解
      1.2.4　电化学降解
      1.2.5　光化学降解
      1.2.6　其他方法
  1.3　光化学方法降解PFCAs的机理研究 ·· 10
  1.4　量子化学计算在有机污染物反应动力学和机理方面的应用······ 13
  1.5　研究目的和研究内容··· 14
      1.5.1　研究目的和意义
      1.5.2　研究内容及技术路线

第2章　全氟羧酸系列化合物光降解的实验和理论研究··················· 16
  2.1　引言··· 16
  2.2　材料与方法··· 17
      2.2.1　药品和试剂
      2.2.2　光化学实验

         2.2.3 分析方法
         2.2.4 理论计算
    2.3 结果与讨论 ··· 23
         2.3.1 PFCAs 的光降解
         2.3.2 PFCAs 的光降解产物
         2.3.3 PFCAs 光解的理论解释
         2.3.4 PFCAs 混合溶液的光解
    2.4 本章小结 ··· 35

第3章 一氢取代全氟羧酸的光降解动力学和机理研究 ··············· 36
    3.1 引言 ··· 36
    3.2 材料与方法 ·· 37
         3.2.1 药品和试剂
         3.2.2 实验方法
         3.2.3 分析方法
         3.2.4 毒性评估
    3.3 结果与讨论 ·· 41
         3.3.1 H-PFCAs 的光降解动力学
         3.3.2 与 PFCAs 的比较
         3.3.3 H-PFCAs 光降解的影响因素
         3.3.4 11H-PFUnDA 的降解产物和机理分析
         3.3.5 毒性评估
    3.4 本章小结 ··· 66

第4章 四氢取代全氟羧酸的光降解动力学和机理研究 ··············· 67
    4.1 引言 ··· 67
    4.2 材料与方法 ·· 68
         4.2.1 化学试剂
         4.2.2 实验方法
         4.2.3 分析方法
         4.2.4 毒性评估

4.3 结果与讨论 …………………………………………………………… 74
  4.3.1 2H,2H,3H,3H-PFCAs 的光降解动力学
  4.3.2 与 PFCAs 的对比
  4.3.3 2H,2H,3H,3H-PFCAs 光降解的影响因素研究
  4.3.3 产物鉴定和反应机理
  4.3.4 毒性评估
4.4 本章小结 ……………………………………………………………… 101

第5章 全氟辛酸在不同颗粒物表面的光降解动力学和机理 ……… 103
5.1 引言 …………………………………………………………………… 103
5.2 材料与方法 …………………………………………………………… 104
  5.2.1 化学试剂
  5.2.2 预负载 PFOA 样品的制备
  5.2.3 实验方法
  5.2.4 分析方法
5.3 结果与讨论 …………………………………………………………… 106
  5.3.1 不同固体颗粒表面 PFOA 的光降解
  5.3.2 PFOA 固相光降解产物和机理
5.4 本章小结 ……………………………………………………………… 130

参考文献 …………………………………………………………………… 131

第 1 章

绪 论

1.1 PFCAs 的环境存在及危害

全氟化合物(PFCs)是一类人工合成的含氟有机化合物,其连接于疏水性碳链上的氢全部被氟取代,并与各种亲水性基团相连[1]。因此,PFCs 具有优良的疏水疏油性能、低的表面张力、高的表面活性及化学稳定性。20 世纪 50 年代以来,PFCs 作为表面活性剂和保护剂,广泛应用于纺织、造纸、包装、农药、地毯、皮革、地板打磨、洗发香波和灭火泡沫等工业和民用领域[2]。作为一类代表性的全氟化合物,全氟羧酸(PFCAs)已经引起了人们的高度关注。PFCAs 由全氟烷基和羧基组成,结构通式为 $C_nF_{2n+1}COOH$,可在生产、运输、使用和处置过程中进入环境。据统计,1951—2004 年,PFCAs 的全球总排放量达到 3 200~7 300 t[3],其中有 6~130 t 的 PFCAs 是由其前体物质转化生成的[4]。这类化合物中含有稳定的 C—F 共价键(能量可高达 544.18 kJ/mol)[5],难以被水解、光解、微生物降解及动物体代谢[6]。它们还会随食物链和食物网的传递,在生物体内富集,以至于放大到较高浓度[7]。2009 年,《斯德哥尔摩公约》将全氟化合物中的全氟辛基磺酸(PFOS)及其盐类定为持久性有机污染物[8]。我国自 2014 年 3 月 26 日起,禁止 PFOS 及其盐类除特定豁免和可接受用途外的生产、流通、使用和进出口[9]。英格兰和威尔士饮用水监察局在 2009 年将全氟辛酸(PFOA)和 PFOS 的健康基准值分别定为 5.0 μg/L 和 1.0 μg/L;2016 年,美国环境保护署将饮用水中 PFOA 和 PFOS 的健康指导值定为 0.07 μg/L。

目前,从世界各地采集的环境样品、野生动物血清、组织样品以及人类体内都检测到了多种 PFCAs[10]。在河流、湖泊、海洋等地表水以及地下水中,

PFCAs 浓度一般为 ng/L 级；在工业废水中，PFCAs 浓度可达 mg/L 级[11]。在不同地区的水体中，PFCAs 浓度差别很大，相差几个数量级。与其他碳链数的 PFCAs 相比，PFOA 在商业中使用最多，故其在水体中检测到的浓度也最高。Exner 等[12]测定了德国河流（莱茵河及其主要支流以及莫恩河）中的 PFCAs 浓度，发现 PFOA 的浓度普遍较高，最高可达 33 900 ng/L。Clara 等[13]分析了澳大利亚 7 个湖泊和多瑙河水样中的 PFCAs 浓度，发现地表水中 PFOA 浓度最大，为 21 ng/L。在美国的一些军事基地，含氟泡沫灭火器的使用导致地下水中 PFOA 最高浓度可达 6.57 mg/L，远大于一般地下水体中的浓度[14]。在美国西弗吉尼亚州的一个氟化物加工厂附近的地下水中，PFOA 浓度为 0.487～10.1 μg/L，平均浓度为 4.8 μg/L，超出 EPA 规定值的 11 倍[15]。Ahrens 等[16]认为，在开放海域中，PFCAs 浓度很低，一般在 pg/L 级，但是靠近陆地沿岸的海域中 PFCAs 明显升高，达到 ng/L 级。而我国大连海域、南海海域、香港海域的 PFOA 浓度范围分别为 0.17～37.55 ng/L、0.16～0.42 ng/L 和 0.73～5.50 ng/L。除了水体之外，PFCAs 在底泥以及灰尘样品中也被频繁检出。Moriwaki 等[17]在采集的 16 个日本家庭室内空气灰尘样品上均检测到 PFOA 的存在，其浓度范围是 69～3 700 ng/g。郭萌萌等[18]指出室内灰尘中 PFOA 的检出率高达 100%，且其浓度与室内灰尘颗粒大小有一定关系。Clara 等[13]在大多数的底泥样品中检测到 PFCAs，浓度高达 1.7 μg/kg（干重）。Theobald 等[19]从北海和波罗的海采集了 15 处底泥样品，对其中的 PFCAs 浓度进行了分析，发现 PFOA 浓度最高，为 0.06～1.6 μg/kg（干重），其他几种 PFCAs 浓度要低 5～10 倍。在美国污水处理厂污泥中检测到几种 PFCAs 的总浓度为 5～152 ng/g（干重）[20]。生物体内也是 PFCAs 类物质的重要归趋。Verreault 等[21]在挪威的成年北极鸥体内（血浆、肝脏、大脑和卵子）检测到了 PFCAs，其在血液中的浓度最高，为 41.8～262 ng/g（湿重）。Nania 等[22]发现，地中海区域的马鲭鱼肉中 PFOA 浓度为 172 μg/kg，大型蝎子鱼肉中 PFOA 浓度为 110 μg/kg，而欧洲鳗鲡肝脏中 PFOA 浓度高达 431 μg/kg。Svinlikova 等[23]发现，在捷克拉贝河上游流域的鱼肉样品中，C9～C14 的 PFCAs 检出率达 100%，其中全氟癸酸（PFDA）的浓度水平较高，最高浓度为 22.0 μg/kg。我国环渤海湾沿岸蛤蜊中 PFOA 的检出率达 72%，其中最高浓度为 111 μg/kg[24]。PFCAs 类物质由于其独特的物理化学特性，容易进入人体被富集，进而影响人体健康。So 等[25]测定了中国浙江省舟山市 19 个母乳样本中的 PFCAs 浓度，发现 PFOA 是检测到的一种主要物质，浓度为 47～210 ng/L。美国红十字会的统计数据显示，2000—2006 年人体血液中 PFOA 浓度下降了 27%，而相对较长碳链的全氟壬酸（PFNA）以及 PFDA 浓度分别上升 70% 和 112%[26]。Weihe 等[27]

研究发现,每天食用一餐鲸鱼肉可以使人体血清中的PFNA浓度增加50%。郭萌萌等[18]认为,膳食摄入是人体接受PFCAs暴露的主要途径,随后按暴露浓度贡献大小依次为:住宅粉尘>消费产品>饮用水>室内空气>室外空气。此外,在人迹罕至的北极地区,冰盖样品中也检测到了几种PFCAs[28]。以上研究结果充分说明,PFCAs在全球范围内普遍存在,且各种生物可以通过不同方式接受暴露,进而进一步对人体健康产生威胁。

毒理学研究表明,全氟化合物会对水生生物、哺乳动物以及人体产生多系统的毒性效应,包括器官毒性、免疫毒性、生殖和发育毒性、神经毒性以及遗传毒性等,甚至可能诱发肝脏、睾丸、胰脏和乳腺癌变等[29-31]。由于PFOA存在疏油性质,其在生物体内易与蛋白结合而积累于血液、肝脏及肾中,而不是脂肪中。肝脏是最易受到PFOA进攻的靶器官,PFOA暴露会引起肝脏过氧化物浓度增加,造成肝细胞氧化性损伤,促进肝细胞凋亡,抑制肝细胞之间的正常通信,造成肝脏坏死,引发肝癌等[32]。Berthiaume等[33]向小鼠体内急性注射剂量为100 mg/kg的PFOA,发现PFOA可直接导致过氧化物酶体的增殖,而过氧化物酶体增殖是导致肝脏肿大的直接原因。免疫毒性体现在PFOA能够减弱小鼠吞噬细胞、自然杀伤细胞、T细胞和B细胞等免疫细胞的活性,产生免疫抑制,导致胸腺细胞和脾脏细胞数目大量减少、胸腺和脾脏萎缩[34-35]。PFOA会干扰生物的脂肪酸代谢,从而危害生物的生殖和发育[36]。卢向明等[37]发现,在0.001~1 mg/L的PFOA溶液中暴露20 d后,PFOA能显著诱导黑斑蛙精子发生畸形,高的暴露浓度还会显著降低血清中睾酮和雌二醇的浓度,改变黑斑蛙体内性激素分泌水平。叶露等[38]研究了PFOA对斑马鱼胚胎的发育毒性,发现PFOA暴露会导致斑马鱼胚胎发育迟缓、畸形,甚至死亡。Lau等[39]发现对孕期大鼠投喂添加PFOA的饲料,可使新生小鼠的存活率降低、体重下降和生长发育迟缓。Wu等[40]发现,PFOA经过产前暴露和胎盘传播后,与新生儿的体重和身高下降有一定关系。关于神经毒性,PFOA暴露会使大鼠海马细胞中钙离子浓度升高,细胞内钙超载可引发代谢酶失活和细胞膜衰竭等一系列病变,进而影响神经递质的释放,甚至造成神经元细胞死亡[41]。在遗传毒性方面,50~400 μmol/L PFOA暴露会导致人肝癌(HepG2)细胞的脱氧核糖核酸(DNA)断裂水平明显增加[17]。另外,PFOA对人体健康有巨大的潜在威胁,PFOA暴露与人患癌之间存在一定的关系。PFOA在人体血清中的代谢非常缓慢,半衰期的算术平均值大约为3.8 a[42]。Vieira等[43]以生活在西弗吉尼亚杜邦公司特氟龙制造厂附近的居民为研究对象,研究了PFOA暴露与癌症发生之间的关系,发现血清中较高浓度的PFOA有可能导致睾丸癌、肾癌、前列腺癌和卵巢癌等。已有研究结果显示,PFCAs的毒性与其全氟烷基的碳链长度之间存在正相关关系(当分子直径小于 1.5 nm,即碳链数目小于 12 时),PFCAs 化合物的碳链越长,毒性越大;当分子直径大于 1.5 nm 时(如 C14~C18),由于细胞膜对于分子耐受性的原因,进而影响其扩散,随着碳链长度和疏水性增加,生物毒性逐渐下降[44-45]。

因此,发展高效的处理技术来去除环境中的 PFCAs 类化合物及其前体物和替代物具有重要的理论意义和应用价值。

1.2 PFCAs 的去除方法

1.2.1 物理去除法

物理法是指有机污染物从一相转移到另一相,从而达到去除目的的方法。该方法主要包括吸附、混凝、离子交换和膜分离等。

目前,吸附处理应用得较为广泛,而所用到的吸附剂主要有土壤、天然沉积物、金属氧化物、活性炭、碳纳米管以及高分子材料等。Ochoa-Herrera 等[46]发现,颗粒活性炭(GAC)对水中 PFOS、PFOA 的吸附率均超过 80%,其中对 PFOS 吸附最强。Yu 等[47]以粉末活性炭(PAC)、GAC 和阴离子交换树脂(AI400)作为吸附剂,研究了它们对水中 PFOA 的去除效果、吸附动力学以及吸附等温线。吸附动力学实验结果表明,PAC 在 4 h 达到吸附平衡,GAC 和 AI400 需在 168 h 达到吸附平衡,而吸附剂的大小是影响吸附剂速率的一个重要因素,吸附剂越小,比表面积越大,吸附速率越快。Du 等[48]也发现了吸附剂的大小和吸附剂内部的扩散会对吸附过程产生影响,当自然有机物质和有机污染物共存时,其对全氟化合物吸附行为的影响更大。Takagi 等[49]对比研究了不同处理工艺饮用水处理厂原水和出水中 PFOA 的浓度,发现常规处理工艺出水中 PFOA 浓度几乎没有变化,而加了活性炭处理工艺的饮用水处理厂出水中 PFOA 浓度大大降低,去除率达到 90% 以上,表明活性炭吸附可以有效去除饮用水中的 PFOA。Zhou 等[50]探讨了污水处理厂中活性污泥对 PFOA 的吸附效果,发现 PFOA 的吸附行为与疏水作用紧密相关。罗梅清等[51]发现,高岭石、渥太华砂、合成针铁矿及铁沙土对全氟化合物的吸附率高达 83%。Higgins 等[52]发现,增加水体中 Ca^{2+} 浓度以及在偏酸性条件下,均能够促进自然沉积物对全氟化合物的吸附。

混凝法通过加入某些盐类,促使水中胶体粒子或微小悬浮物聚集成较大颗粒从而沉降分离。在此过程中,污染物可吸附在颗粒上从而一同分离。Deng

等[53]研究发现聚合氯化铝可有效去除水中的PFOA,并且碳链较长的PFCAs更容易吸附在固体悬浮物上从而通过混凝沉降去除,除了PFCAs阴离子和聚合物阳离子之间的静电相互作用外,疏水相互作用在悬浮粒子对PFCAs的吸附中也起着重要的作用。

离子交换法则是通过离子交换树脂与PFCAs间发生离子交换反应从而实现吸附分离。Chularueangaksorn等[54]比较了几种类型树脂对PFOA的吸附效果,发现阴离子交换树脂比非离子交换树脂具有更高的吸附量,这是因为PFOA在水中以阴离子形式存在。某化工集团利用弱碱性苯乙烯阴离子交换树脂和丙烯酸阴离子交换树脂回收PFOA,取得了良好的效果。某化工研究院采用阴离子交换法成功地吸附了水中PFOA,并在此基础将吸附-除杂-真空精馏浓缩法应用于回收PFOA工艺[51]。

膜分离是指利用膜的选择性实现目标组分与基质的分离,依据膜的孔径不同,可分为微滤、超滤、纳滤和反渗透等。Appleman等[55]利用纳滤对PFCAs进行有效分离,截留率可达93%以上。Steinle-Darling等[56]发现,纳滤膜对全氟化合物的去除率高达95%以上,并利用反渗透工艺去除碳链为C4~C12的PFCAs。研究结果表明,处理后出水中除了全氟庚酸(PFHpA)浓度略升高外,其他PFCAs出水浓度比原液的浓度降低了50%。

这些物理方法虽然能将PFCAs有效转移,但不造成化学键的破坏,并没有彻底矿化污染物,存在二次污染的风险。

1.2.2 生物降解法

生物法是利用微生物降解代谢有机物为无机物来处理污染物的。它通过人为创造适于微生物生存和繁殖的环境,使之大量繁殖,以提高其代谢分解有机物的效率。PFCAs类化合物具有非常高的稳定性,并对微生物有一定的毒性,这就使得这类化合物在好氧以及厌氧条件下的降解显得尤为困难。Colosi等[57]研究发现,单一的辣根过氧化物酶不能使PFOA完成有效降解,而在体系中引入酚类底物4-甲氧基苯酚以后,PFOA在6 h降解了68%,这是因为酶催化酚类底物可形成自由基,继而引发PFOA的降解。周莉娜[58]在体系中加入白腐真菌,经过35 d的培养,发现PFOA的去除率达到50%,生成了聚合物和少量的分解产物。薛学佳等[59]通过驯化筛选分离得到以含氟有机物为唯一碳源的2株G^+杆菌和G^-杆菌优势菌,并通过检测发现PFOA被生物脱氟。

综上所述,生物法处理PFCAs类化合物受到降解周期长、降解条件苛刻、降解不彻底且某些中间产物具有较大毒性等缺点限制,可取得的效果非常有限。而对于自然环境体系(废水、土壤和沉积物)来说,生物降解过程依旧是必不可少的。因此,寻找合适的生物酶及底物用于降解PFCAs需要进行进一步的探索。

1.2.3 热化学降解

高温过程可以使有机物在无氧的条件下发生热解反应,在有氧的条件下发生燃烧反应。常见的热处理方式包括焚烧和超声。

目前,已有采用焚烧来处理 PFCAs 类化合物的大量研究。Blake 等[60]发现,三氟乙酸在 573~663 K 温度下发生热解,生成的主要产物为 HF、CO_2、CO、CF_3COF、CF_2O 和 $CF_3CO_2CF_2H$,此外还有少量的 CF_4。Krusic 等[61]通过高温气相核磁共振谱(NMR)技术探索了 PFOA 在硼硅酸钠和石英安瓿瓶中的热解行为。结果表明,PFOA 发生脱羧反应,消去 HF,从而生成相应的全氟烯烃;同时,反应体系的环境也是影响 PFOA 分解的一个重要因素。例如,在碎石英存在条件下,PFOA 在 307 ℃下的热分解半衰期为 5 d;而在碎硼硅酸钠玻璃存在时,PFOA 在同等条件下的热分解半衰期缩短为 11 h。Vecitis 等[62]发现,当水和氧气存在时,焚烧法能够使 PFOA 完全矿化。因此,采用焚烧法可以有效分解 PFCAs 类化合物的固体样品。但是,焚烧需要在高温下进行,耗能较大,导致热量过多地浪费在非目标化合物上,并且这种方法不能处理低浓度 PFCAs 的液体样品。

超声是一种能够有效降解全氟化合物的处理方法。其原理是:超声波在液体中产生的"空化泡"瞬间破裂时会产生极短暂的强压力脉冲并释放能量,同时产生局部的高温、高压(4 726.85 ℃,1 800×10^5 Pa),从而使有机物发生热解反应[63],而在此过程中产生的·OH、H_2O_2 和 HO_2·活性物种同样会参与有机物的降解[64]。Moriwaki 等[65]在频率 200 Hz、功率 200 W/L、辐射强度 3 W/cm、水温 20 ℃和氩气保护的条件下进行 PFOA 超声降解实验,发现 PFOA 的去除半衰期是 22 min,主要的降解产物是短链的 PFCAs。Vecitis 等[62]证明了高频超声所形成的声空化作用能有效地降解溶液中的 PFOA,降解反应主要发生在高温空化气泡和水的界面,PFOA 的降解是率先失去离子官能团(—CO_2),生成相应的一氢氟代烷烃和全氟烯烃,这一步是 PFOA 降解的控速步骤,再经过一系列反应,这些氟化物中间体最终矿化为 CO、CO_2 和 F^-。Cheng 等[66]研究了垃圾处理厂地下水中 PFOA 的超声降解,发现与超纯水相比,地下水中的 PFOA 降解速率常数下降了 56%,这是因为地下水中的有机质可与 PFOA 竞争超声空化气泡或者降低空化气泡破裂过程中的平均界面温度;水体中的挥发性有机物(VOCs)是抑制 PFOA 降解的主要因素,而溶解性有机质的影响则不明显。此外,Cheng 等[67]还研究了地下水中无机离子对 PFOA 超声降解动力学的影响,发现假一级反应速率常数比超纯水下降了 20.5%,这是因为地下水中的无机阴离子可以通过离子分配作用与 PFOA 竞争超声空化气泡;同时,通过实验还证实了水体中的 HCO_3^- 是主要影响因素,而阳离子没有明显的影响。赵德明等[68]比较了不同频率超声波对 PFOA 的降解效果,发现不同频率超声波条件下 PFOA 的降解均符合假一级反应动力学,并且随着超声波频率的升高,PFOA 的降解速率常数先增大再减小,较佳超声波频率为 358 kHz,这是因为超声波频率越高,周期越短,空化气泡生长。特别是在正压相压缩至崩溃等空化过程中,提供时间越不足,空化发生概率和强度就越小,降解速率就越低。

1.2.4 电化学降解

电化学法降解有机污染物是根据阳极氧化以及阴极还原完成的。阳极的氧化主要包括直接氧化和间接氧化两种。直接氧化主要是指电极直接夺取所吸附污染物电子,从而引发降解。在降解 PFCAs 过程中,主要应用的就是直接氧化,这是因为间接氧化所产生的活性氧物种无法实现 PFCAs 的有效降解。

Ochiai 等[69]研究了商业的掺硼金刚石薄膜(BDD)电极对 PFOA 的降解情况。结果表明,当体系中电流密度为 $0.15~mA/cm^2$ 时,PFOA 的降解符合假一级反应动力学,并且降解速率常数随着电流密度增大而增大。Zhuo 等[70]也采用 BDD 电极降解四种不同碳链长度的 PFCAs,发现 PFCAs 降解的一级反应速率常数随着碳链长度的增加而增加,并且电流密度从 $0.12~mA/cm^2$ 增加到 $0.59~mA/cm^2$ 时,PFOA 的去除率从 0 激增到 97.48%。但是,这种电极存在一个缺点:在其表面会发生氟化,影响电子传递,抑制 PFCAs 的降解。Zhuo 等[71]还采用 Ti/SnO_2-Sb-Bi 电极对 PFOA 进行降解,发现经过 2 h 电解,PFOA($C_0=50~mg/L$)降解率可达到 99% 以上,生成的主要中间产物包括短链 PFCAs 以及氟离子。这是因为阳极电位使得 PFOA 发生直接氧化,导致羧酸离子基团失去电子,形成不稳定的 PFOA 自由基,发生脱羧反应而降解。Niu 等[72]制备掺杂 Ce 的改性多孔纳米 PbO_2 电极,电化学氧化 100 mg/L 含 4~8 个碳原子的 PFCAs,发现一级反应速率常数随着碳链增加而增大,全氟庚酸的反应速率最快,相应的半衰期为 16.8 min。在电化学降解过程中,除了考虑阳极材料及其基体的影响外,还需要考虑电流密度、溶液初始 pH 值、电极间距离和反应物初始浓度等因素的影响以获得良好的处理效果。

1.2.5 光化学降解

光化学主要研究光作用于物质所引起的化学变化。目前,光化学法处理有机污染物主要通过直接光降解、光化学氧化和光化学还原来实现。

1.2.5.1 直接光降解

陈静等[73]采用 15 W 低压汞灯研究了 PFOA 在不同波长紫外光辐射下的降解情况,结果显示 PFOA 在 185 nm 的降解效果要显著优于 254 nm。Hori

等[74]研究了氧气压力为 0.48 MPa 条件下,PFOA 在波长为 220～460 nm 的 200 W 氙汞灯照射下的光解,发现反应 24 h 之后,PFOA(C_0=1.35 mmol/L)的去除率只有 44.9%。为了进一步提高光解效率,研究人员在光照条件下引入化学试剂和催化剂,并为此做出了诸多尝试。

1.2.5.2 光化学氧化

过硫酸盐($S_2O_8^{2-}$)在光照条件下能够产生硫酸根自由基($SO_4^-\cdot$),具有很强的氧化性,氧化还原电位为 2.5～3.1 eV,能够进攻 PFCAs 使之发生降解。Hori 等[75]利用 200 W 氙汞灯发出的紫外光激发 $S_2O_8^{2-}$ 对 PFOA 进行降解,发现在体系中加入 50 mmol/L 的 $S_2O_8^{2-}$,保持 O_2 压力为 0.48 MPa,反应 4 h 后 1.35 mmol/L 的 PFOA 能够被完全降解。Cao 等[76]在 254 nm 光照降解 PFOA 的体系中加入 0.5 mmol/L 的高碘酸钠($NaIO_4$),发现相比于未加入 $NaIO_4$ 的空白体系,PFOA 在反应 2 h 后的降解率和脱氟率分别提高了 61% 和 11%。Phan-Thi 等[77]采用 400 W 汞灯降解 PFOA,对比研究了在该体系中加入过氧化氢(H_2O_2,0.075%)和碳酸氢钠($NaHCO_3$,40 mmol/L)后的降解情况,相较于直接光解,加入氧化剂后,12 h 后 PFOA 的降解率和脱氟率分别提高了 47.9% 和 44%,可达 100% 和 82.3%。此外,Wang 等[78]在光照体系中引入 10 μmol/L Fe^{3+} 降解 PFOA,经过 254 nm 紫外光照射 4 h,降解率和脱氟率分别为 47.3% 和 15.4%。随着 Fe^{3+} 浓度升高到 80 μmol/L,PFOA 的降解率和脱氟率大大提高,分别为 80.2% 和 47.8%。Hori 等[79]研究了 UV/Fe^{3+} 体系中全氟丙酸、全氟丁酸和全氟戊酸的降解情况,同样也证明了 Fe^{3+} 存在的紫外光照体系能够更好地降解这些短链 PFCAs。王媛等[80]发现,随着 PFCAs(C_4～C_8)中碳原子数的增加,Fe^{3+} 的诱导效果会更加明显。

在光照条件下,引入催化剂构成的光催化体系也能够有效降解 PFCAs。目前,常用的两大类光催化剂分别是二氧化钛(TiO_2)和磷钨酸。Dillert 等[81]采用 75 W 汞灯,并以 TiO_2 为光催化剂,研究了 PFOA 在强酸性条件下的降解情况,发现主要的降解产物是 F^- 和 CO_2,并且在此条件下的 TiO_2 光催化也能够有效降解其他碳链长度的 PFCAs(C_2～C_7)化合物。与此类似的是,Panchangam 等[82]指出,在强酸性水溶液中,TiO_2 光催化可以有效地降解 C_8～C_{10} 的 PFCAs 物质。

此外,研究人员还对 TiO_2 的表面性能加以改善,从而提高了 TiO_2 的降解能力。Estrellan 等[83]制备出 Fe-Nb/TiO_2 材料,其降解 PFOA 的效率增加了约 6.4 倍,降解率可达 87.8%。Li 等[84]发现贵金属掺杂 TiO_2 光催化降解 PFOA 的效率明显提高,铂(Pt)、钯(Pd)和银(Ag)改性的 TiO_2 诱导反应的假一级反应速率常数分别提高了12.5倍、7.5倍和2.2倍。Song等[85]采用溶胶-凝胶方法制备TiO_2-MWCNT复合型光催化剂以降解PFOA，发现加入这种催化剂后的降解速率比直接光照或单用TiO_2催化剂时的效果更佳。Hori等[86-88]研究了在有氧条件下磷钨杂多酸光催化降解PFCAs的情况，发现PFOA能在24 h内降解完全，F^-的产率在48 h后可达到97%。Dillert等[81]也发现在TiO_2光催化降解PFOA的体系中引入适量的磷钨酸可以产生降解协同作用。Li等[89]研究了商品化In_2O_3催化剂对PFOA的光催化降解情况。结果表明，在254 nm波长下光照4 h，PFOA的降解率只有9.8%，当加入In_2O_3催化剂以后，降解效率达到了80%以上。Li等[90]利用水热法合成的In_2O_3纳米多孔微球，降解效率为商品化In_2O_3的9倍左右，PFOA的降解半衰期仅为7.1 min[91]。同样，紫外光照下，水热合成的多孔纳米结构Ga_2O_3催化剂也能够有效提高PFOA的降解效率[92]。

1.2.5.3 光化学还原

一些化学试剂如碘化钾（KI）和铁氰化钾[$K_3Fe(CN)_6$]等可以在光照条件下产生水合电子，水合电子具有强还原活性，可以降解水体中的全氟化合物。Park等[93]在254 nm波长下光照KI溶液以还原PFCAs化合物，发现在加入10 mmol/L KI时，PFOA（$C_0=24$ mmol/L）的降解速率常数为0.001 4 min^{-1}，半衰期为500 min。Qu等[94]进一步研究了碱性条件（pH=9）下UV/KI对PFOA的降解情况，发现反应14 h后脱氟率可达98.9%。Huang等[95]采用激光闪光光解技术在紫外光照下激发$K_4Fe(CN)_6$产生水合电子降解三氟乙酸、全氟丁酸和全氟辛酸，发现随着碳链的增长，反应速率常数逐渐增大，水合电子与三种PFCAs的二级反应速率常数分别为$(1.9\pm0.2)\times10^6$ m^{-1}/s、$(7.1\pm0.3)\times10^6$ m^{-1}/s和$(1.7\pm0.5)\times10^7$ m^{-1}/s。

1.2.6 其他方法

除了光照之外，过硫酸盐还可被热和过渡金属离子等激发产生$SO_4^-\cdot$，从而降解PFCAs。Hori等[96]研究了在空气压力为0.78 MPa条件下热激发$S_2O_8^{2-}$降解PFOA的有效性。结果表明：当温度小于或等于80 ℃时，去除效果较差；当温度升高（80～150 ℃）时，PFOA降解效率明显提高，反应6 h后脱氟率达到80%以上；当温度继续增加（≥150 ℃），PFOA的脱氟率和矿化度明显下降，并产生大量的一氢氟代烷烃（$C_nF_{2n+1}H$，$n=4\sim7$）。Lee等[97]利用微波水热法激活过硫酸盐降解PFOA，并考察了温度、pH值对降解过程的影响，发现在一定范围内提高温度有助于PFOA的降解，然而当温度过高时，活性氧物种发生淬灭，降解效率反而降低。过硫酸盐具有高溶解性、远距离传输能力以及较宽的 pH 值适用范围,因而利用过硫酸盐处理 PFCAs 不失为一个很好的选择,但还需进一步提高温和条件下过硫酸盐降解 PFCAs 的能力。

此外,机械化学法也引起了研究人员的关注。机械化学法主要是在剪切、摩擦、冲击和挤压等机械力的作用下,促使污染物的结构和物理化学性质发生变化,进而发生化学反应而降解。Zhang 等[98]利用球磨机械化学法处理 PFOA,发现不同类型的助磨剂如氧化钙(CaO)、SiO_2、Fe-SiO_2、氢氧化钠(NaOH)和氢氧化钾(KOH)等均能促进降解。其中,添加 KOH 效果最为明显,反应 3 h 后 PFOA 的降解率和脱氟率分别可达 100% 和 97%。

臭氧技术也被用来处理 PFCAs。但是,罗梅清等[51]发现,采用 O_3、O_3/UV、O_3/H_2O_2 和 Fenton 试剂等氧化剂对 1 mg/L PFOA 降解效果不佳。同样,田富箱等[99]利用同类氧化剂处理低浓度的 PFOA 也得到了类似的结果。该技术主要是利用羟基自由基(·OH)来对污染物进行氧化,造成污染物的开环、断链以及矿化。以上研究表明,·OH 不能有效地降解全氟化合物。Lin 等[100]通过优化臭氧浓度比例和 pH 值条件,强化水体中·OH 的生成,使 PFOA(C_0=50 μg/L)在 4 h 内的降解率达到 90%。

为了进一步提高 PFCAs 类化合物的降解效率、降低处理成本,往往采用多重技术联合使用,以期达到更好的处理效果。Cheng 等[66]将臭氧与超声相结合用于处理垃圾处理厂地下水中的 PFOA,发现 PFOA 的降解速率常数从超声单独处理时的 0.021 min^{-1} 提高到 0.033 min^{-1}。Panchangam 等[101]将 TiO_2 光催化技术进一步与超声相结合,反应 7 h 后 PFOA 的降解速率常数由原来的 0.034 2 h^{-1} 提高到 0.086 6 h^{-1}。Lee 等[102]在过硫酸盐体系中引入微波和零价铁,发现 PFOA 降解效率提高了将近 1 倍,这是因为它们除了起到激发的作用以外,微波还能加快传质速度,而零价铁本身也能降解 PFOA。尽管利用联用技术处理 PFCAs 类化合物过程烦琐,但是能大大提高降解效率,值得人们进一步探索。

1.3 光化学方法降解 PFCAs 的机理研究

光化学方法由于具有操作简单、高效、二次污染小等特点,因而受到全世界研究者的青睐。研究表明,光化学降解技术是一种极具发展前景的有机污染物处理方法。Hori 等[74]研究了 PFOA 在紫外线下的光降解,发现生成的产物主要包括短链的全氟羧酸、氟离子以及二氧化碳。PFOA 光解的初始反应发生在 PFOA 末端的 COOH 基团和烷基之间的 C—C 键,因为氟原子的电子诱导能力能够使 PFOA 骨架中的 C—C 键保持相对稳定[103]。同样,UV/IO_4^- 和 UV/H_2O_2/$NaHCO_3$ 体系也能分别产生高活性的自由基物种 $IO_3 \cdot$ 和 $CO_3^- \cdot$,从而提高 PFOA 的降解效率。这是因为光解 $NaIO_4$ 产生的 $IO_3 \cdot$,能有效地夺取 PFOA 的电子并生成 $PFOA^+ \cdot$ 自由基,从而使其发生式(1-2)至式(1-5)中的降解[76]。

$$IO_4^- + UV \longrightarrow IO_3 \cdot + O^- \cdot \tag{1-1}$$

$$C_7F_{15}COOH^+ \cdot \longrightarrow C_7F_{15} \cdot + CO_2 + H^+ \tag{1-2}$$

$$C_7F_{15} \cdot + H_2O \longrightarrow C_7F_{15}OH + H \cdot \tag{1-3}$$

$$C_7F_{15}OH \longrightarrow C_6F_{13}COF + H^+ + F^- \tag{1-4}$$

$$C_6F_{13}COF + H_2O \longrightarrow C_6F_{13}COOH + H^+ + F^- \tag{1-5}$$

在光照条件下,引入催化剂也能有效地降解 PFCAs。目前,常用的两大类光催化剂分别为 TiO_2 和磷钨酸。TiO_2 在小于 387.5 nm 波长的光照射下,电子会从价带上被激发到导带上,从而在导带上形成光生电子,在价带上形成光生空穴。在体系内电场的作用下,e^- 与 h_{vb}^+ 发生分离,其中空穴具有强氧化性,也可以与水作用形成羟基自由基,电子则具有强的还原性,可以与溶解氧生成高活性的超氧自由基,从而与有机物污染物反应。Dillert 等[81]发现,PFOA 在强酸条件下可以被 TiO_2 光催化降解,主要的降解产物是 F^- 和 CO_2,这是因为 TiO_2 经过光照产生空穴,导致吸附在表面的 PFOA 发生一个电子的转移,进一步完成降解。杨圣舒等[104]认为,TiO_2 光催化体系能够同时发生氧化反应和还原反应。降解机理如下:

$$TiO_2 + h\nu \longrightarrow e_{cb}^- + h_{vb}^+ \tag{1-6}$$

$$h_{vb}^+ + R(全氟羧酸类污染物) \longrightarrow R^+ \tag{1-7}$$

$$h_{vb}^+ + H_2O/OH^- \longrightarrow \cdot OH \tag{1-8}$$

$$R^+ + \cdot OH \longrightarrow CO_2 + H_2O \tag{1-9}$$

$$e^- + R \longrightarrow R^- \tag{1-10}$$

$$e_{cb}^- + O_2 \longrightarrow O_2^- \cdot \longrightarrow HO_2 \cdot / H_2O_2 / \cdot OH \tag{1-11}$$

磷钨酸杂多酸是一类溶解性能非常好的宽禁带材料,具有多电子转移能力,对紫外光有较强的响应并容易发生电子空穴的分离。Hori 等[86-88]发现,磷钨酸杂多酸可以有效光催化降解 PFOA,短链 PFCAs 是主要的降解产物。他们还认为,磷钨酸首先在光照条件下形成激发态的$[PW_{12}O_{40}]^{3-*}$,然后夺取 PFOA 中的 1 个电子后被还原为$[H_3PW_{12}O_{40}]^{4-}$,其在 O_2 的作用下又可以回到$[PW_{12}O_{40}]^{3-}$,而不稳定的 PFOA 自由基首先发生 photo-Kolbe 反应脱羧,再经过一系列反应过程生成短链的 PFCAs。此外,研究人员还在积极寻找其他类型的光催化剂进行实验,从而进一步提高 PFCAs 的降解效率。Li 等[89]发现,In_2O_3 催化剂对 PFOA 光降解有极大的促进作用,这是因为 In_2O_3 可以与 PFOA 通过末端羧基形成双齿或桥连配位,所以能产生有效的光生空穴氧化,从而夺取 PFOA 上的 1 个电子发生降解反应。

作为一种常见的光催化氧化剂,过硫酸盐对全氟化合物的光降解也具有促进作用。Hori 等[75]发现,在 200 W 氙汞灯照射下,PFOA 可以在 50 mmol/L $S_2O_8^{2-}$ 催化下完全降解。Liu 等[105]认为,过量 $S_2O_8^{2-}$ 可使 PFOA 在 30 h 内降解 93.5%,中间产物有 $C_6F_{13}COOH$、$C_5F_{11}COOH$、C_4F_9COOH 和 C_3F_7COOH。$S_2O_8^{2-}$ 光催化降解全氟化合物的机理见式(1-12)至式(1-21)。以下反应式均使用 PFOA 作为示例[104]。

$$S_2O_8^{2-} + h\nu \longrightarrow 2SO_4^- \cdot \tag{1-12}$$

$$CF_3(CF_2)_6COO^- + SO_4^- \cdot \longrightarrow CF_3(CF_2)_6COO \cdot + SO_4^{2-} \tag{1-13}$$

$$CF_3(CF_2)_6COO \cdot \longrightarrow CF_3(CF_2)_5CF_2 \cdot + CO_2 \tag{1-14}$$

$$CF_3(CF_2)_5CF_2 \cdot + O_2 \longrightarrow CF_3(CF_2)_5CF_2OO \cdot \tag{1-15}$$

$$CF_3(CF_2)_5CF_2OO \cdot + RFOO \cdot \longrightarrow CF_3(CF_2)_5CF_2O \cdot + RFO \cdot + O_2 \tag{1-16}$$

$$CF_3(CF_2)_5CF_2O \cdot \longrightarrow CF_3(CF_2)_4CF_2 \cdot + COF_2 \tag{1-17}$$

$$COF_2 + H_2O \longrightarrow CO_2 + 2HF \tag{1-18}$$

$$CF_3(CF_2)_5CF_2O \cdot + HSO_4^- \longrightarrow CF_3(CF_2)_5CF_2OH + SO_4^- \cdot \tag{1-19}$$

$$CF_3(CF_2)_5CF_2OH \longrightarrow CF_3(CF_2)_5COF + HF \tag{1-20}$$

$$CF_3(CF_2)_5COF + H_2O \longrightarrow CF_3(CF_2)_5COO^- + HF + H^+ \tag{1-21}$$

研究表明,光照 KI 溶液可以有效还原 PFCAs 化合物[93],这是由于水合电子与 PFOA 发生作用,使其脱氟。该反应类似于亲核取代,氟原子具有最大的电子亲和力(3.40 eV),并且 PFOA 末端羧基的诱导作用使得 α 碳更容易被水合电子攻击。脱氟后的产物会与水或氢离子反应而加氢,加氢后的产物 C—F 键变弱,更容易被还原脱氟,最后完成降解。在碱性条件下,UV/KI 对 PFOA 的脱氟率可以达到 98.9%[94]。高 pH 值能够减少 H^+ 对水合电子的消耗,从而获得较好的脱氟效果。PFOA 的降解途径为水合电子发生亲核反应引起 C—F 键直接断裂和紫外光照下的 CF_2 逐步脱去反应。杨圣舒等[104]总结 KI 还原全氟化合物的机理如下:

$$I^- + h\nu \longrightarrow I \cdot + e_{aq}^- \tag{1-22}$$

$$C_nF_{2n+1}COOX^- + e_{aq}^- \longrightarrow C_nF_{2n+1}X^{2-} \cdot \tag{1-23}$$

$$C_nF_{2n+1}X^{2-} \cdot \longrightarrow C_nF_{2n}X^- \cdot + F^- \tag{1-24}$$

$$C_nF_{2n}X^- \cdot + I^- \longrightarrow C_nF_{2n}X^{2-} + I \cdot \qquad (1-25)$$

$$C_nF_{2n}X^- \cdot + e_{aq}^- \longrightarrow C_nF_{2n}X^{2-} \qquad (1-26)$$

$$C_nF_{2n}X^- \cdot + I^- \longrightarrow C_nF_{2n}IX^- \qquad (1-27)$$

$$C_nF_{2n}IX^- + e_{aq}^- \longrightarrow C_nF_{2n}X^- \cdot + I^- \qquad (1-28)$$

$$C_nF_{2n}X^{2-} + H^+ \longrightarrow C_nF_{2n}HX^- \qquad (1-29)$$

综上所述，即使在各种光化学条件下，PFCAs 的光降解机理也各不相同。但是多数研究认为，PFCAs 的光降解产物主要为更短链的 PFCAs，直到生成三氟乙酸。前期研究工作发现，PFCAs 转化为更短链 PFCAs 的转化率大约只有70%，关于剩下 30% 左右的副反应所知甚少。因此，深入研究 PFCAs 的光降解路径和机理具有非常重要的现实意义。

1.4 量子化学计算在有机污染物反应动力学和机理方面的应用

近年来，量子化学计算作为实验手段的一种有益补充，已被成功应用于环境中有机污染物的降解动力学研究中。其计算方法主要包括传统的半经验法（AM1、PM3 等）、从头算和密度泛函法（DFT）等[106]。Sun 等[107]采用正则变分过渡态理论研究了大气中·OH 引发的 2,3,7,8-四氯二苯并呋喃的化学反应动力学，计算出的速率常数与实验数据相一致。Neiss 等[108]比较了基于不同量子力学方法计算得到的黄素相关生物物种的低单线态和三重激发态性能的差异。Zhou 等[109]采用密度泛函理论方法分析了 4,4′-二溴联苯醚（BDE-15）和·OH 之间的大气光氧化反应动力学，在 298 K 时的总体反应速率常数预测值与实验结果相吻合，为探索大气中多溴联苯醚的间接光氧化动力学提供了一种经济且有效的方法。Ohko 等[110]应用前线电子密度理论对 TiO_2 光催化 17β-雌二醇的转化路径进行了阐释。Long 等[111]采用偏最小二乘法构建了烷基萘类化合物和 Cl·、·OH、·NO_3 反应的速率常数与量子化学参数之间的 QSPR/QSAR 模型，发现不同自由基的反应速率常数由不同的分子结构描述符所决定。为了预测化合物在水中的降解速率，Kušić 等[112]通过计算得到 78 种芳族化合物的量子化学参数，采用变量选择遗传算法和多元线性回归法分析了这些参数和 k_{OH} 之间的关系，一个含四个变量的模型被确定为统计学上性能最佳的模型，其中最高占有轨道能（E_{HOMO}）是决定降解速率的主要因素。赵亚英等[113]收集了 722 种有机物和·OH 的反应速率常数（k_{OH}），构建了其与分子结构参数之间的 QSAR 模型，模型具有良好的稳健性和预测能力，影响 k_{OH} 的主要因素有分子的紧密度、供电子能力和所含卤素原子数。Wang 等[114]通过计算 C—Cl 键解离能预测了多氯联苯(PCBs)直接光解脱氯的主要反应路径和产物,并且直接计算了一种 PCBs 同类物(PCB77)的直接光解脱氯反应机理。同时,Wang 等[114]还通过 DFT 方法计算了 C—Cl 键解离能、C—Br 键解离能、C—Cl 键和 C—Br 键的伸缩振动频率;利用含时密度泛函理论(TDDFT)方法计算多氟代和多溴代二噁英(PCDD/Fs 和 PBDD/Fs)的电子吸收谱来探究卤素取代个数和位置对 PCDD/Fs 和 PBDD/Fs 直接光解脱卤的影响。他们还利用量子化学方法研究了水环境中溶解性物质[DOM(溶解性有机质)以及 Mg^{2+}、Ca^{2+} 和 Zn^{2+}]对敏化磺胺嘧啶(SDZ)的光解的影响。李超[115]采用计算模拟方法对有机物与·OH 反应动力学和反应机制进行预测,构建了可用于预测多种有机物 k_{OH} 值的 QSAR 模型;采用量子化学计算和动力学模拟方法预测了处在已有 QSAR 模型应用域之外的短链氯代石蜡(SCCPs)和典型有机磷阻燃剂 Tris(2-chloroisopropyl) phosphate (TCPP)的 k_{OH} 值,并揭示了·OH 引发 TCPP 大气氧化降解的反应机制。显然,量子化学计算已成为研究有机污染物反应机制的一种流行趋势。然而,目前还没有关于 PFCAs 光催化降解速率与量子化学参数之间关系的研究,也没有从分子结构层面上合理解释不同碳链数 PFCAs 降解速率存在差异原因的研究。

1.5 研究目的和研究内容

1.5.1 研究目的和意义

基于以上分析可知,目前关于全氟羧酸类化合物的降解研究主要集中于 PFOA,而对其他不同碳链长度全氟羧酸以及其替代物等的降解行为所知甚少。因此,本书将系统研究 PFCAs 系列化合物、替代物 H-PFCAs 和前体物 2H,2H,3H,3H-PFCAs 在直接光降解体系中的光降解转化行为,得到对应物质在对应体系中的降解速率常数;考察无机离子、腐殖质、pH 值、反应温度等多种因素对反应速率的影响,并从分子结构层面上揭示不同碳链长度的 PFCAs 降解速率存在差异的主要原因;通过鉴定反应中间产物,进一步明确 PFCAs、H-PFCAs 和 2H,2H,3H,3H-PFCAs 的反应路径和机理。此外,除了积极探索 PFCAs 在水体中的降解路径和机理外,我们还将用类似的办法对 PFOA 在固体颗粒物表面的光降解转化行为进行探索。本研究工作可为水环境以及大气环境中 PFCAs 类污染物的去除提供新的思路,具有重要的科学价值和实际环境意义。

1.5.2 研究内容及技术路线

本书采用光降解方法处理水相和气相中的 PFCAs,替代物 H-PFCAs 和 2H,2H,3H,3H-PFCAs。主要研究内容如下:

(1) 采用实验和理论相结合的方法研究 PFCAs 系列化合物的直接光降解行为;测定并比较各个 PFCAs 的降解动力学;考察水中主要成分和反应气氛对 PFCAs 降解的影响;探讨光降解效率与碳链长度之间的相关性;借助 LC-MS、GC-MS 和 IC 等技术鉴定反应中间产物,推测 PFCAs 的光降解路径;通过量子化学计算,分析并验证反应机理,揭示影响 PFCAs 光降解速率的主要分子结构因素。

(2) 揭示 PFCAs 替代物 H-PFCAs($HC_nF_{2n}COOH$, $n=4,6,10$)在直接光照体系中的降解动力学和机理;研究 H-PFCAs 的光降解动力学规律,并评估溶液 pH 值、无机离子和腐殖酸对 H-PFCAs 光降解的影响;通过 LC-MS 和 GC-MS 鉴定光降解产物推测其反应路径和机理;比较 H-PFCAs 和相同碳链长度 PFCAs 光降解速率和反应机理的异同。

(3) 研究在汞灯照射下 PFCAs 前体物 2H,2H,3H,3H-PFCAs($C_nF_{2n+1}C_2H_4COOH$, $n=6,7,8$)在水溶液中的光化学转化动力学及机理;比较 2H,2H,3H,3H-PFCAs 与具有相同碳链长度的 PFCAs 在光反应动力学和机理上的区别;探索无机离子,溶液反应初始 pH 值以及腐殖酸对 2H,2H,3H,3H-PFCAs 光降解的影响;探索光解法去除天然水(包括自来水、九乡河水、污水处理厂废水)中 2H,2H,3H,3H-PFCAs 的可行性;通过使用液相色谱-高分辨率质谱和气相色谱-质谱进行产物鉴定,阐明 2H,2H,3H,3H-PFCAs 的反应途径;使用生态结构活性关系程序(ECOSAR)对光降解中间产物对三种常见的水生物种(绿藻、水蚤和鱼类)的毒性进行预测。

(4) 探索 PFOA 在 6 种不同固体颗粒物表面的光降解动力学和机理;比较 PFOA 在稻田土(PS)、黑土(BS)、黄土(YS)、红土(RS)、九乡河土(JXR)和 400 目石英砂(QS)上的光降解反应速率常数;探讨 PFOA 光降解速率常数与固体理化性质(如颗粒物成分组成、透光率等)之间的关系;阐明不同固体上 PFOA 光降解的反应产物和途径。

第 2 章
全氟羧酸系列化合物光降解的实验和理论研究

2.1 引言

作为一类人工合成的氟代有机化合物,全氟羧酸类化合物具有较强的表面活性、优良的物理和化学稳定性以及良好的透光性,因而被广泛用于聚合物合成、纺织品、涂料、地毯清洁剂、泡沫灭火剂、抛光剂和光刻中[2,10]。PFCAs 可通过各种方式进入环境,比如其生产、使用、运输和处置过程。除了直接排放之外,氟代乙酸盐的大气光氧化作用以及前驱体化合物如氟调聚物醇的生物和非生物降解也可以使大量的 PFCAs 进入环境[116-120]。由于 PFCAs 极易长距离迁移,因而这些化合物在世界各地的环境样品中被频繁检出,包括空气、水、沉积物、野生生物甚至人类[20,121-124]。已有研究表明,一些短链 PFCAs(如三氟乙酸)具有轻度植物毒性作用,一些长链 PFCAs(如全氟辛酸)具有生物累积性和毒性效应[125-126]。因此,开发相关技术以有效去除这些化合物具有重要意义。

由于氟的强电负性和 C—F 键的强稳定性,因而 PFCAs 具有很强的化学惰性,在天然环境中难以被降解[125]。目前,研究者开发了多种技术对 PFCAs 进行安全有效的去除。Niu 等[72]应用 Ce 掺杂的改性多孔纳米晶 PbO_2 薄膜电极使几种短链 PFCAs(C4~C8)通过电化学氧化而矿化。Lee 等[97]发现,过硫酸盐微波水热处理技术可以有效降解含 2~8 个碳原子的 PFCAs。已有研究表明,基于紫外光的高级氧化技术对于去除 PFCAs 具有很好的效果,使用氧化剂(如过硫酸盐和铁离子)可使拥有 C4~C8 全氟烷基的 PFCAs 高效降解[127-129]。Dillert 等[81]和 Panchangam 等[82]认为,在强酸性水溶液中,非均相 TiO_2 光催化可以有效降解 C2~C10 的 PFCAs。然而,由于苛刻的反应条件,这一光催化降解技术很难投入实际应用过程中。与这些光化学方法相比,直接光解不需要额外的氧化剂/催化剂,操作简单,成本低廉,具有巨大的开发潜力。目前,研究者的关注焦点主要集中在全氟辛酸的直接光降解[74,130-131],关于其他PFCAs的相关研究甚少。

目前,量子化学计算作为实验手段的补充,已被成功用于解释环境中有机污染物的反应动力学和机理[74,132-135]。理论计算具有方便经济等特点,且能够有效预测反应位点和反应速率常数,具有广阔的应用前景。Sun等[107]使用密度泛函理论(DFT)和正则变分过渡态理论模拟了大气中·OH诱导的2,3,7,8-四氯化二苯并呋喃化学反应,并揭示了主要反应路径,发现计算的反应速率常数与报道的实验数据相一致。Niu等[136]在DFT计算的基础上提出了PFOA的最佳电化学矿化机理,并进一步用降解动力学和产物鉴定实验进行了验证。Zhou等[109]采用DFT方法探索了4,4′-二溴联苯醚(BDE-15)与·OH之间的大气光氧化反应动力学和机理,为探索大气中多溴联苯醚的间接光氧化动力学和机理提供了一种经济且有效的方法。Mishra等[137-138]在G2(MP2)//MPWB1K/6-31+G(d,p)理论水平上研究了氯代二氟乙酸甲酯和氯代二氟乙酸乙酯与·OH和Cl原子之间的气相反应的势能面和反应动力学。目前还没有关于PFCAs光化学反应的理论研究,影响PFCAs反应速率的主要分子结构参数仍不可知,因而可以利用量子化学计算进行探讨。

本章将评估PFCAs(C2~C12)系列化合物在单一组分水相体系中的光降解效率,并考虑水体主要成分和反应气氛等对其降解效率的影响。对降解动力学结果进行比较,以探索光反应活性与碳链长度之间的关系。采用液相色谱质谱法,气相色谱质谱法和离子色谱法等进行反应中间产物分析,以期发现新的PFCAs光降解机理和路径。通过理论计算在分子水平上分析PFCAs的光降解反应动力学和机理;考虑不同PFCAs可能在天然水体中共存,研究混合溶液中PFCAs的光降解行为。本研究成果可以提高目前关于水环境中PFCAs光降解机理和路径的认识,具有重要的理论意义和现实意义。

2.2 材料与方法

2.2.1 药品和试剂

本实验所研究的11种PFCAs样品均购自北京××化学试剂有限公司,包括:三氟乙酸(TFA,CF_3COOH,99.9%)、全氟丙酸(PFPA,C_2F_5COOH,

98%)、全氟丁酸(PFBA,C_3F_7COOH,99%)、全氟戊酸(PFPeA,C_4F_9COOH,97%)、全氟己酸(PFHxA,$C_5F_{11}COOH$,97%)、全氟庚酸(PFHpA,$C_6F_{13}COOH$,98%)、全氟辛酸(PFOA,$C_7F_{15}COOH$,98%)、全氟壬酸(PFNA,$C_8F_{17}COOH$,98%)、全氟癸酸(PFDA,$C_9F_{19}COOH$,98%)、全氟十一烷酸(PFUnDA,$C_{10}F_{21}COOH$,96%)和全氟十二烷酸(PFDoDA,$C_{11}F_{23}COOH$,96%),所有药品均未经处理直接使用。用甲醇配制PFCAs的储备液,每种单独PFCAs化合物的浓度为400 μmol/L,4 ℃避光保存。商用腐殖酸(HA)和色谱级甲醇(CH_3OH)分别购自上海××试剂公司和德国××公司。

2.2.2 光化学实验

所有的光化学实验均在XPA-1光化学反应仪(南京××机电厂)中进行,该仪器的现实构造和原理示意图分别见图2-1和图2-2。

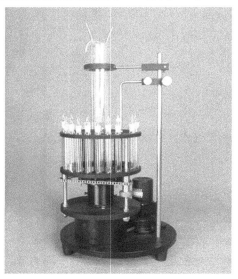

图2-1 XPA-1光反应仪的真实图片

光源为300 W中压汞灯。利用S3000-VIS光谱仪(杭州××科技有限公司)测定了200～1 000 nm范围内汞灯的发射光谱,光谱数据见图2-3。

汞灯被垂直放置在冷却循环石英冷阱中,以保持反应过程中样品和光源温度恒定。含有40 mL反应溶液(反应浓度为1.0 μmol/L)的石英管(ϕ25 mm×18 cm)被放置在旋转木马装置中进行光照,石英管与灯管之间的距离均为5 cm。所有的反应溶液均使用Millipore Milli-Q超纯水机制备的超纯水稀释储备液来得到。利用NaOH溶液来进行反应溶液的初始pH值调节,为接近天然

第 2 章 全氟羧酸系列化合物光降解的实验和理论研究

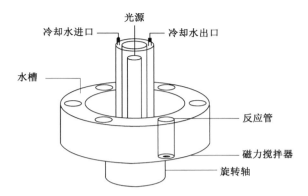

图 2-2 XPA-1 光反应仪的原理图

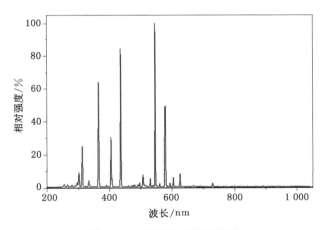

图 2-3 中压汞灯的发射光谱

水体的 pH 值,该值被设定为 7.5±0.1。由于工业废水和特定点源附近的水样中检测到的 PFCAs 浓度水平已达 μg/L 级[14,139],因而本实验采用 1 μmol/L 作为反应的初始浓度。为保证反应进行过程中光源的稳定性,使用 365 nm 探头的 UV-A 辐照计(北京××光电仪器厂)对样品处的光强度进行测定,该值为 (14.1±0.1) mW/cm^2。

值得注意的是,反应溶液中含有少量的甲醇(体积分数为 0.25%)。为了完全消除甲醇对反应过程的影响,本实验的所有样品均进行了甲醇去除步骤,具体如下:首先将 0.1 mL 储备液转移至石英管中,然后缓慢氮吹直至甲醇完全挥发,最后向每个石英管中加入 40 mL 超纯水,超声溶解。作为对照物,含甲醇的反应溶液也在相同的实验条件下进行光照,并测定降解过程中污染物浓度的变化。

为了评估反应气氛对PFCAs降解的影响,在反应开始之前,首先使用氮气或氧气以100 mL/min的流速通入溶液中,维持30 min,以去除原反应溶液中的气体;然后开始光照实验,在整个反应过程中,气体被持续稳定地通入石英管中。本章所有实验组均有三个平行。

2.2.3 分析方法

采用Agilent 1260高效液相色谱(HPLC)和API 4000三重四极杆质谱(AB Sciex,加拿大)联用仪测定PFCAs的浓度。色谱分离柱型号为Thermo Hypersil BDS C18(2.1 mm × 100 mm,填料粒径2.4 μm),柱温保持在30 ℃。流动相为0.3%甲酸水(A相)和100%甲醇(B相),流速为0.2 mL/min。梯度洗脱程序为90% A,保持2 min,在0.5 min内降至5% A,保持7 min,然后在0.5 min内回到90% A,平衡6 min。采用多反应检测(MRM)方法在负电喷雾电离模式下进行MS检测,离子的停留时间为100 ms。具体的质谱参数如下:离子喷雾电压为-3.5 kV,毛细管电压为1.0 kV,源温度为550 ℃,去溶剂化温度为350 ℃,碰撞气体为7 psi[①]气帘气体为35 psi,离子源气体1为50 psi,离子源气体2为50 psi。测定过程中使用的气体均为氮气。优化后,每种分析物的去簇电压(DP)、入口电压(EP)、碰撞能量(CE)和电池出口电压(CXP)如表2-1所列。除了TFA、PFBA和PFPeA外,其余PFCAs都使用两种产物离子进行定性,最终选择具有较高响应的产物离子进行定量。11种PFCAs在API 4000中的色谱分离图如图2-4所示。对于每种待测物质,配制6个不同浓度(0.01~1 μmol/L)的标准溶液绘制标准曲线。

使用Agilent 1260高效液相色谱联用高分辨率飞行时间质谱仪(LC-TOF 5600-MS,AB Sciex,加拿大)鉴定极性降解产物。具体的分析条件如下:液相流动相为0.3%甲酸水(A相)和100%甲醇(B相),洗脱速度为0.2 mL/min。使用Thermo BDS Hypersil C18柱(2.1 mm × 100 mm,填料粒径2.4 μm)进行产物分离。液相梯度洗脱程序为:B=10%(0~4 min),60%(4.5~7.5 min),80%(8~11 min),90%(11.5~15 min),100%(15.5~25 min)和10%(25.5~35 min)。流动相比例的变化均在0.5 min内完成。采用负电喷雾电离模式(ESI)进行质谱分析。全扫描条件为:离子喷射电压为$-4\,500$ V,源温度为550 ℃,气体1压力为55 psi,气体2压力为55 psi,气帘气体为35 psi,去簇电压(DP)为-80 V,碰撞能量(CE)为-10 V,质荷比(m/z)扫描范围为70~1 000 amu。此外,通过二级质谱进行产物离子扫描(MS/MS),得到各产物的碎

[①] 1 psi=6.89 kPa,下同。

片信息进行结构解析。MS/MS 扫描的源/气参数设置与全扫描完全相同,优化碰撞能量以提高灵敏度。

表 2-1　API 4000 测定 PFCAs 的质谱参数

PFCAs	离子对/Da	保留时间/min	DP/V	EP/V	CE/V	CXP/V
TFA	112.9/68.8	1.46	−30.31	−10.00	−16.64	−12.00
PFPA	**162.9/118.8**	2.51	−41.77	−10.00	−13.50	−12.00
	162.9/94.9	2.51	−30.17	−10.00	−11.70	−12.00
PFBA	213.1/168.8	6.19	−39.26	−10.00	−13.18	−12.00
PFPeA	262.9/219.1	6.47	−44.00	−10.00	−13.00	−12.00
PFHxA	**313.0/269.0**	6.61	−36.0	−10.00	−12.0	−12.00
	313.0/119.1	6.61	−34.00	−10.00	−28.00	−12.00
PFHpA	**362.8/318.7**	6.71	−52.00	−10.00	−14.00	−12.00
	362.8/169.1	6.71	−49.00	−10.00	−25.00	−12.00
PFOA	**412.8/369.0**	6.80	−54.00	−10.00	−13.00	−12.00
	412.8/218.7	6.80	−44.00	−10.00	−22.00	−12.00
PFNA	**463.0/419.1**	6.92	−46.00	−10.00	−13.00	−12.00
	463.0/169.1	6.92	−11.00	−10.00	−26.00	−12.00
PFDA	**513.0/469.2**	7.02	−55.00	−10.00	−14.00	−12.00
	513.0/218.8	7.02	−50.00	−10.00	−24.00	−12.00
PFUnDA	**562.9/518.9**	7.14	−52.00	−10.00	−17.00	−12.00
	562.9/268.9	7.14	−42.00	−10.00	−27.00	−12.00
PFDoDA	**613.0/569.0**	7.26	−53.66	−10.00	−18.27	−12.00
	613.0/168.8	7.26	−58.41	−10.00	−38.56	−12.00

注:表中黑体的母离子/子离子对为最终定量离子。

此外,还通过固相微萃取(SPME)方法提取弱极性和非极性中间产物进行质谱分析。选择 PDMS-DVB 纤维萃取头(65 μm)作为吸附剂,在 80 ℃、1 000 r/min 条件下顶空萃取 1 h,然后在气相色谱进样口于 250 ℃ 热解吸 15 min。每次进样前后,萃取头都在气相色谱进样口(250 ℃)烘烤 20 min 以去除残留。采用 ISQ 四极杆气相色谱-质谱联用仪(Thermo,美国)在化学电离源(CI)模式下进行 GC-MS 分析,m/z 扫描范围为 50～700 amu。样品进样量为 1 μL,不分流,手动进样,分离柱为 DB-5MS 熔融石英毛细管柱(30 m× 0.25 mm× 0.25 μm,J&W Scientific,美国)。甲烷被用作反应气,流速为

1.5 mL/min,氦气用作载气,流速为 1.0 mL/min。气相升温程序如下:初始柱温为 80 ℃,保持 2 min,然后以 15 ℃/min 升至 215 ℃,保持 1 min,再以 6 ℃/min 升至 280 ℃,保持 1 min,最后以 10 ℃/min 升至 300 ℃并保持 5 min。进样口温度、源温度和传输线温度分别设定为 250 ℃、240 ℃ 和 280 ℃。

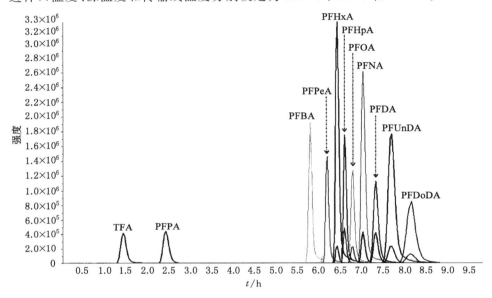

图 2-4　PFCAs 在 API 4000 中的色谱分离图

反应液中的氟离子用配备有双活塞泵、Dionex DS6 电导率检测器和 Dionex IonPac AS11-HC 分析柱(250×4 mm)的 ICS-1000 离子色谱(Dionex,USA)进行定量。洗脱液(KOH:20 mmol/L)的流速为 1.0 mL/min。

2.2.4　理论计算

采用 Gaussian 09 程序中的 DFT 方法在 B3LYP/6-31+G* 水平上进行量子化学计算。使用关键词"Opt"对几何结构进行优化,并进行振动分析以确保达到了势能面上的能量最小值。采用自洽反应场(SCRF)理论中的积分方程极化连续介质模型(IEFPCM)来模拟反应中溶剂水的作用[140]。从高斯输出文件获得最高占有分子轨道能量(E_{HOMO})、最低未占分子轨道能量(E_{LUMO})、HOMO 和 LUMO 轨道能量差($E_{LUMO}-E_{HOMO}$)、羧基碳和邻位碳之间的键长(L_{C-C})等数据。为了比较光解反应涉及到的化学键强度,在同一计算水平上计算 Wiberg 键级(BO)。由于 PFCAs 的 pK_a 值较低,在反应溶液中主要以阴离子形式存在,因而所有计算中 PFCAs 均使用阴离子形态。

2.3 结果与讨论

2.3.1 PFCAs 的光降解

当采用超纯水直接稀释储备液配制反应溶液时,反应溶液中含有 0.25% 的甲醇。由于有机溶剂可能会影响 PFCAs 的光降解过程,三种代表性的 PFCAs (TFA、PFOA 和 PFDoDA)被选取用来比较其在有无甲醇存在情况下的光降解效率。如图 2-5 所示,甲醇去除与否,TFA、PFOA 和 PFDoDA 的光降解效率几乎没有变化,表明本反应体系中甲醇的影响可以忽略不计。因此,后续实验均在不去除甲醇的情况下进行。

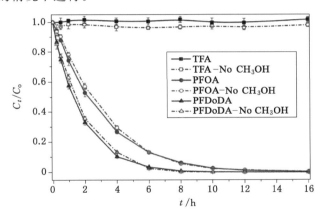

图 2-5 CH_3OH(体积分数为 0.25%)对三种代表性 PFCAs 光降解的影响

在黑暗对照实验中,PFCAs 没有被明显去除,在黑暗中放置 24 h 前后的浓度变化都小于 5%,推测应该是仪器测定和操作过程中的误差造成的。因此,PFCAs 溶液在黑暗条件下是稳定的。

通过测定不同照射时间 PFCAs 的浓度来评估 PFCAs 系列化合物在中压汞灯照射下的光降解效率。以 C_t/C_0 为纵坐标,以反应时间为横坐标,绘制 PFCAs 的降解曲线,其中 C_t 表示任一给定时间点底物的浓度,C_0 表示底物的初始浓度。如图 2-6 所示,除了 TFA 的浓度在反应过程中几乎保持不变,其余 PFCAs 在光照后浓度下降,发生了降解。反应 16 h 后,C4~C12 的 PFCAs 几乎完全降解。对于底物浓度的降低,观察到 $\ln(C_t/C_0)$ 与时间之间存在良好的线性相关($R^2 > 0.98$),表明 PFCAs 的光解全部遵循假一级反应动力学,且假一级反应速率常数(k_{app},h^{-1})随着碳链长度的增加而增大(表 2-2)。例如,PFPA、

PFOA 和 PFDoDA 的 k_{app} 值分别为 0.132 7 h^{-1}、0.352 82 h^{-1} 和 0.583 2 h^{-1}。

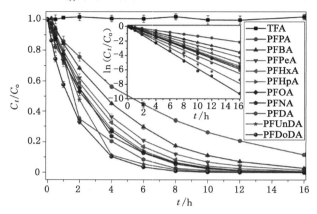

图 2-6 中压汞灯照射 11 种 PFCAs 的光解动力学曲线

表 2-2 PFCAs 的假一级反应速率常数(k_{app})、相关系数 R^2 和
B3LYP/6-31+G * 水平计算得到的量子化学参数

PFCAs	k_{app}/h^{-1}	R^2	$D_{C-C}/(kJ \cdot mol^{-1})$	$E_{LUMO}-E_{HOMO}/eV$	$L_{C-C}/\text{Å}$	BO_{C-C}
TFA	—	—	372.36	0.228 9	1.585 4	0.852 0
PFPA	0.132 7	0.999 5	366.25	0.219 8	1.588 9	0.850 9
PFBA	0.225 5	0.999 1	364.19	0.202 1	1.597 5	0.839 5
PFPeA	0.266 6	0.999 6	364.17	0.188 4	1.598 8	0.838 1
PFHxA	0.316 5	0.998 9	363.63	0.175 1	1.600 7	0.836 9
PFHpA	0.344 3	0.998 0	362.85	0.160 3	1.601 3	0.836 4
PFOA	0.358 2	0.998 5	360.97	0.144 2	1.602 4	0.836 0
PFNA	0.374 0	0.999 3	358.77	0.129 8	1.603 2	0.835 8
PFDA	0.401 2	0.989 5	356.09	0.117 6	1.604 0	0.835 7
PFUnDA	0.493 3	0.991 9	353.66	0.107 1	1.604 7	0.835 4
PFDoDA	0.583 2	0.998 4	350.83	0.098 3	1.605 3	0.835 2

注:1 Å=0.1 nm,下同。

图 2-7 所示为商品腐殖酸(20 mg/L)对 4 种 PFCAs 光降解效率的影响;图 2-8 所示为不同反应气氛下 PFOA 的光降解效率。

由于光活性物质的存在或与光生活性物种之间的相互作用,水体化学成份可能会影响光化学反应过程。预实验结果表明,水中最丰富的阴离子碳酸氢根

第 2 章 全氟羧酸系列化合物光降解的实验和理论研究

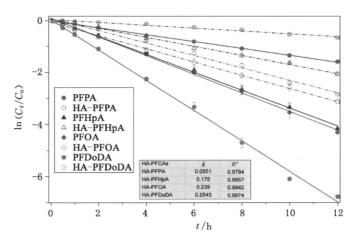

图 2-7 商业腐殖酸(20 mg/L)对四种 PFCAs 光降解效率的影响

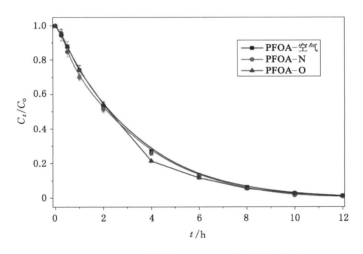

图 2-8 不同反应气氛下 PFOA 的光降解效率

(HCO_3^-)浓度为 0.5 mmol/L 或 5 mmol/L 时对 PFOA 降解的影响微不足道。相比之下,腐殖酸(HA)抑制了 PFPA、PFHpA、PFOA 和 PFDoDA 的光解(图 2-7)。这是因为 HA 具有光屏蔽效应,即 HA 可以吸收紫外光,从而导致对光照的竞争性吸收[141]。此外,通过向反应溶液中通入 N_2 或 O_2 来达到缺氧和富氧条件来研究反应气氛对光解的影响。结果表明,在 N_2 或 O_2 氛围中进行反应时,PFOA 的降解没有明显差异(图 2-8),说明反应气氛对 PFOA 降解的影响不大。Wang 等[142]在研究 185 nm 真空紫外线光照下不同反应气氛中 PFOA 的降解时得到了类似的结论。

2.3.2 PFCAs 的光降解产物

在本实验中,通过 LC-TOF-MS 技术鉴定光降解过程中产生的极性中间产物。TOF-MS 的高分辨率使我们能够获得精确的质量数,进而确定观察到的碎片离子的元素组成。PFCAs 光降解产生了短链全氟羧酸,标样离子碎片也证实了这些产物的准确性(图 2-9)。光照 1 h 后,PFDoDA 的质谱图中出现了对应于 $[C_{10}F_{21}COO]^-$、$[C_9F_{19}COO]^-$、$[C_8F_{17}COO]^-$ 和 $[C_7F_{15}COO]^-$ 的峰。在 PFOA 光照 6 h 的质谱图中观察到了 PFHpA、PFHxA 和 PFPeA 的峰,并在 PFPeA 的反应溶液中检测到了 PFBA、PFPA 和 TFA。通常情况下,PFCAs 光照后会出现 2~4 个短链 PFCAs 产物的峰,而碳链更短的其他 PFCAs 则由于浓度太低而检测不到。

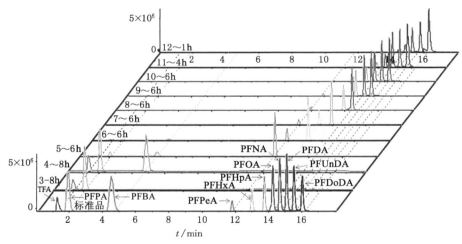

图 2-9 PFCAs 溶液反应不同时间提取的离子色谱图

为了得到光降解过程中短链 PFCAs 的浓度变化曲线,我们使用 API-4000 质谱仪对反应溶液中的短链 PFCAs 进行定量分析。以 PFDoDA 为例,我们成功测定了其反应过程中生成的 C2~C11 PFCAs 的浓度变化。如图 2-10 所示,随着反应的进行,PFDoDA 的浓度逐渐降低,短链 PFCAs 中间产物的浓度逐渐升高。与碳链较短的 PFCAs 产物相比,碳链较长的 PFCAs 产物的最高浓度通常更大。PFUnDA 的浓度在光照 1 h 后达到最大值,然后随时间而降低。其他碳链更短的 PFCAs 中间产物表现出类似的变化趋势,但是碳链越短,达到浓度最大值所需的时间越长:PFDA 为 2 h,PFNA 和 PFOA 为 4 h,PFHpA 为 6 h,

PFHxA 和 PFPeA 为 8 h，PFBA 为 10 h，PFPA 为 16 h。在达到最大值后，这些中间产物的浓度随光照时间逐渐降低。

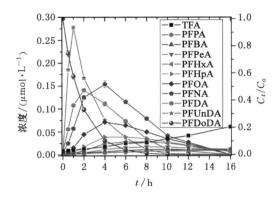

图 2-10　PFDoDA 光降解过程中短链 PFCAs 中间体的浓度变化曲线

在图 2-9 中，反应样品命名为碳原子数-反应时间，在标准色谱图中各峰旁边标注相应的 PFCA 名称。图 2-11 所示为三种代表性 PFCAs（PFPA、PFOA 和 PFDoDA）光降解过程中氟离子的浓度变化曲线。注意：对于图 2-9 和图 2-11，PFCAs 反应物的初始浓度为 10 μmol/L，这有助于直接进行产物鉴定而无需烦琐的样品前处理程序。

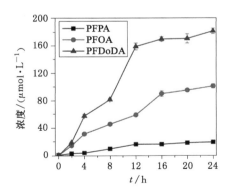

图 2-11　三种 PFCAs 光降解过程中氟离子的浓度变化曲线

应该注意的是，TFA 的浓度一直在升高。TFA 的大量积累是预料之中的实验现象，因为该物质不能被中压汞灯所降解。这些实验现象表明，PFDoDA 可以通过逐步失去 CF_2 基团而发生光解，相应地生成一系列短碳链的 PFCAs，如 $C_{10}F_{21}COOH$、$C_9F_{19}COOH$ 等。

我们还采用 GC-MS 检测光降解过程中可能产生的弱极性产物。仔细分析色谱图中的峰数据之后，确定几种全氟烯烃(C_nF_{2n})为 PFCAs 的反应中间产物。如图 2-12 和图 2-13 所示，PFDoDA 的反应溶液在 2.75 min 处出现了一个色谱峰。该峰的母离子质荷比 $m/z=550$，可以失去不同组合 C 和 F 形成的多种碎片离子，其中包含三个典型的离子碎片 231、281 和 331。对比质谱图库后，该化合物被确定为全氟十一-1-烯。

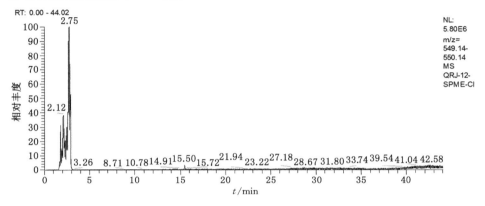

图 2-12　光照 18 h 后 PFUODA 的 GC-MS 提取离子色谱图（XIC）

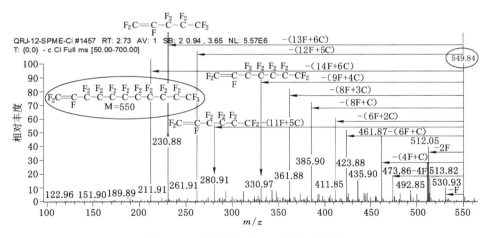

图 2-13　产物全氟十一-1-烯的质谱图

图 2-14 和图 2-15 分别给出了光照 18 h 后 PFUnDA 反应溶液的提取离子色谱图（XIC）和中间产物的质谱图。在 2.23 min 处出现了一个色谱峰，其母离子质荷比 $m/z=500$。类似地，观察到失去 F 和 C 产生的碎片离子以及 231、281

和 331 三种典型的碎片离子。对比质谱图后，该物质被确定为全氟癸-1-烯。

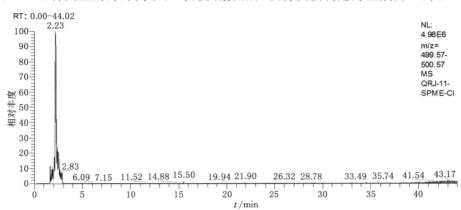

图 2-14　光照 18 h 后 PFUnDA 的 GC-MS 提取离子色谱图（XIC）

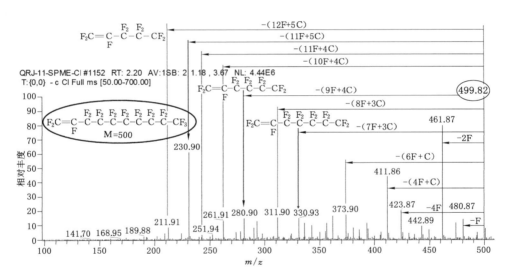

图 2-15　产物全氟癸-1-烯的质谱图

此外，全氟壬-1-烯、全氟辛-1-烯、全氟庚-1-烯和全氟己-1-烯分别被鉴定为 PFDA、PFNA、PFOA 和 PFHpA 的中间产物（图 2-16）。然而，碳链更短的全氟-1-烯产物如全氟戊-1-烯、全氟丁-1-烯和全氟丙-1-烯没有被检测到，这是因为它们的挥发性较强，在光反应期间难以积累到可检测的浓度水平。文献检索结果表明，本研究首次报道了 PFCAs 光降解会产生全氟烯烃类中间产物。

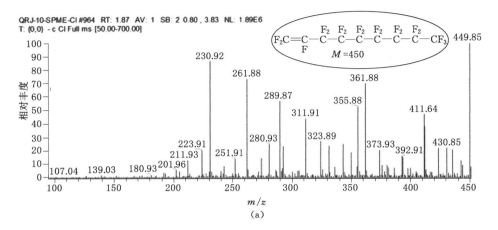

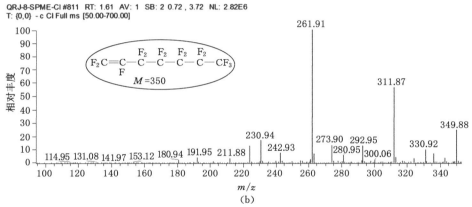

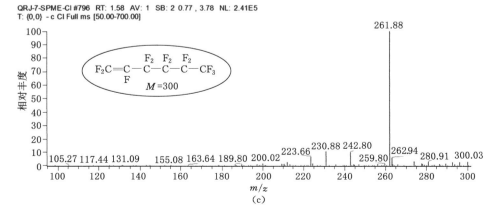

图 2-16　光照 18 h 后 C7～C10 的 PFCAs 产物全氟-1-烯烃的质谱图

由图2-11可以看出,随着光照时间的延长,PFPA、PFOA和PFDoDA溶液中的氟离子浓度不断增加。三种PFCAs溶液中的F^-浓度大小顺序为:PFDoDA>PFOA>PFPA,因为碳链较长的全氟羧酸类化合物含有较多的氟原子,所以更容易被降解。如果以"生成氟离子的摩浓度/初始PFCAs中氟的摩尔浓度×100%"计算脱氟率,那么反应24 h后,PFPA的脱氟率为38.9%,PFOA为67.4%,PFDoDA则为78.9%。结果表明,PFCAs没有完全矿化,即PFCAs中的氟并未全部转化为氟离子。

反应液中氟的总量主要由三部分组成,即剩余的反应物、短链PFCAs中的氟和氟离子。考虑在光反应过程中TFA不发生降解,我们将脱氟率重新定义为:生成氟离子的摩尔浓度/初始PFCAs中反应性氟的摩尔浓度×100%。其中,初始PFCAs中反应性氟的摩尔浓度为:PFCAs的摩尔浓度乘以反应物和TFA的含氟个数之差。在这种情况下,PFPA、PFOA和PFDoDA的脱氟率分别可以达到97.2%、84.3%和90.8%。其余的F可能转化为气相产物,比如我们检测到的全氟烯烃。

综上所述,PFCAs在汞灯照射后发生降解,同时生成了氟离子、短链全氟羧酸和弱极性产物全氟-1-烯烃。在此基础上,我们进一步完善了PFCAs光降解的反应机理。首先,光照导致羧基碳和相邻的烷基碳原子之间的C—C键断裂,产生的全氟烷基自由基($C_nF_{2n+1}\cdot$)不稳定,可与水反应形成热不稳定的全氟烷醇($C_nF_{2n+1}OH$),它们可以消去HF,从而生成酰氟($C_{n-1}F_{2n-1}COF$)[145]。然后,酰氟水解生成少一个CF_2单元的PFCAs物质($C_{n-1}F_{2n-1}COOH$)[146]。通过重复这一CF_2脱去过程,产生了各种碳链更短的PFCAs中间产物,它们的进一步分解最终导致TFA和氟离子的积累。虽然在许多氧化处理过程中都观察到PFCAs会逐步去除CF_2基团生成短链中间产物[74,82,127],但是之前的研究并没有指出TFA会作为最终产物而积累。此外,$C_nF_{2n+1}\cdot$自由基也可以脱去一个氟原子生成全氟烯烃(C_nF_{2n})。

2.3.3 PFCAs光解的理论解释

由于物质的化学性质在很大程度上取决于其化学结构,因而我们在理论分析中采用结构相关的量子化学参数来探索影响PFCAs光反应活性的内在因素。综上所述,PFCAs的光降解始于烷基和COOH之间C—C键的断裂。因此,在分析过程中也用到了C—C键的离解能这一参数,其计算公式为:$D_{C-C} = E(C_nF_{2n+1}\cdot) + E(\cdot COO^-) - E(C_nF_{2n+1}COO^-)$,即产物和反应物的总能量之差。

图2-17给出了理论计算得到的分子结构参数和假一级反应速率常数之间

的关系(具体数值见表 2-2)。可以看出,所选择的理论参数都与观察到的光降解反应性之间有良好的相关性。具体而言,k_{app} 值与 D_{C-C}、$E_{LUMO}-E_{HOMO}$ 和 BO_{C-C} 呈负相关关系,与 L_{C-C} 呈正相关关系。

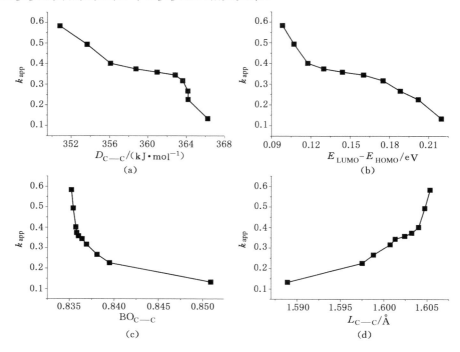

图 2-17　PFCAs 的量子化学参数与假一级反应速率的关系曲线

前线分子轨道的能级是量子化学中非常重要的参数。E_{HOMO}/E_{LUMO} 代表供给或获得电子的能力,而 HOMO/LUMO 能级差是决定分子电子传输特性的关键参数,代表了分子的化学稳定性[143]。通常情况下,较大的 HOMO-LUMO 能隙意味着分子具有相对较高的稳定性而难以反应;反之,分子的稳定性较低而容易反应。在本研究中,能隙随着链长而减小,从 PFDoDA 的 0.098 3 eV 变化到 TFA 的 0.228 9 eV,说明电子从 HOMO 跃迁到 LUMO 所需的能量随着碳链变短逐渐增加。因此,需要吸收较短波长的光才能进行反应。

图 2-17 所示为 PFCAs 的量子化学参数与假一级反应速率常数(k_{app})的关系,D_{C-C} 表示烷基与 COOH 之间 C—C 键的键离解能,$E_{LUMO}-E_{HOMO}$ 表示 HOMO 和 LUMO 轨道的能量差,BO_{C-C} 表示 C—C 键的 Wiberg 键级,L_{C-C} 表示 C—C 键的键长。

Wiberg 键级是键的强度和键断裂难易程度的关键指标[144]。对于同一类型的化学键,大的键级总是代表着高键能、不容易断裂。各个 PFCAs 分子碳骨架上的 Wiberg 键级清楚地表明,连接烷基和羧基的 C—C 键具有最小的键级(表 2-3),这证实了光解反应的第一步发生在这个位置。另外,键长越大,键越容易断裂。由表 2-2 可以看出,羧基碳和邻位碳之间的 C—C 键的长度从 PFDoDA 到 TFA 逐渐减小,相应的 Wiberg 键级逐渐增大,表明 PFCAs 中 C—C 键的强度随着碳链的缩短而增加。D_{C-C} 也清楚地说明 C—C 键的离解能随着碳链长度的增加而降低,TFA 的值最大,为 372.36 kJ/mol。因此,光降解速率常数从 PFPA 到 PFDoDA 逐渐增大,而 TFA 不能被中压汞灯所降解。

表 2-3 各个 PFCA 分子碳骨架上的 Wiberg 键级

BO	5C~1C	1C~4C	4C~8C	8C~12C	12C~15C	15C~18C	18C~21C	21C~24C	24C~27C	27C~30C	30C~33C
TFA	0.852 0	—	—	—	—	—	—	—	—	—	—
PFPA	0.850 9	0.923 2	—	—	—	—	—	—	—	—	—
PFBA	0.839 5	0.930 4	0.914 3	—	—	—	—	—	—	—	—
PFPeA	0.838 1	0.929 4	0.921 7	0.912 3	—	—	—	—	—	—	—
PFHxA	0.836 9	0.929 0	0.920 3	0.924 1	0.910 2	—	—	—	—	—	—
PFHpA	0.836 4	0.928 1	0.919 8	0.923 1	0.923 1	0.909 3	—	—	—	—	—
PFOA	0.836 0	0.927 8	0.918 8	0.922 8	0.922 0	0.923 7	0.908 1	—	—	—	—
PFNA	0.835 8	0.927 2	0.918 6	0.922 1	0.921 5	0.922 8	0.923 1	0.907 4	—	—	—
PFDA	0.835 7	0.926 9	0.918 0	0.921 9	0.920 7	0.922 5	0.922 2	0.923 3	0.906 6	—	—
PFUnDA	0.835 4	0.926 7	0.917 9	0.921 5	0.920 6	0.921 9	0.922 0	0.922 4	0.923 1	0.906 2	—
PFDoDA	0.835 2	0.926 4	0.917 5	0.921 3	0.920 1	0.921 9	0.921 3	0.922 2	0.922 0	0.923 0	0.905 7

2.3.4 PFCAs 混合溶液的光解

我们配制了 11 种 PFCAs 的混合溶液进行光降解实验,其中每种 PFCAs 的初始浓度与单一组分体系相同,均为 1 μmol/L。如图 2-18 所示,混合溶液中各个 PFCAs 的浓度变化与单组分体系的情况存在差异。由于在混合降解过程中,短链 PFCAs 可以产生于长链 PFCAs 的光降解,因而成为测定的总浓度的一部分。也就是说,每个 PFCAs 的浓度与其生成率和降解率都有关。在完全转化的理想状态下,TFA 的最终浓度应为初始浓度的 10 倍。然而我们注意到,

TFA 的积累只有 3.2 倍,表明 PFCAs 在逐步降解过程中并不能完全转化成少一个 CF_2 基团的 PFCAs。

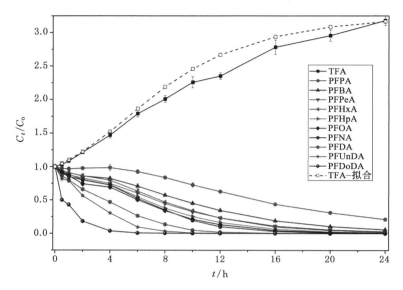

图 2-18 混合溶液中各个 PFCAs 的浓度变化趋势

尽管由于可能的光子竞争而导致混合溶液中 PFDoDA 的降解速率略低,但是其值也应与单组分体系大致相当。假定混合溶液中的反应速率不变,则可以得到以下方程:

$$C_{12,t} = C_0 \cdot e^{-k_{12}t} \qquad (2\text{-}1)$$

$$C_{11,t} = [C_0 + \alpha_{12\to11} C_0 (1-e^{-k_{12}t})] \cdot e^{-k_{11}t} = C'_{11,0} \cdot e^{-k_{11}t} \qquad (2\text{-}2)$$

$$\begin{aligned} C_{10,t} &= [C_0 + \alpha_{11\to10} C_{11,0}'(1-e^{-k_{11}t})] \cdot e^{-k_{10}t} \\ &= \{C_0 + \alpha_{11\to10}[C_0 + \alpha_{12\to11} C_0 (1-e^{-k_{12}t})](1-e^{-k_{11}t})\} \cdot e^{-k_{10}t} \end{aligned} \qquad (2\text{-}3)$$

$$\begin{aligned} C_{2,t} = C_0 + \alpha_{32} \{ & C_0 + \alpha_{4\to3} \{C_0 + \alpha_{5\to4} \{C_0 + \alpha_{6\to5} \\ & \{C_0 + \alpha_{7\to6} \{C_0 + \alpha_{8\to7} \{C_0 + \alpha_{9\to8} \{C_0 + \alpha_{10\to9} \\ & \{C_0 + \alpha_{11\to10}[C_0 + \alpha_{12\to11} C_0 (1-e^{-k_{12}t})](1-e^{-k_{11}t})\} \\ & (1-e^{-k_{10}t})\}(1-e^{-k_9 t})\}(1-e^{-k_8 t})\}(1-e^{-k_7 t})\}(1-e^{-k_6 t})\} \\ & (1-e^{-k_5 t})\}(1-e^{-k_4 t})\}(1-e^{-k_3 t}) \end{aligned} \qquad (2\text{-}4)$$

其中,$C_{n,t}$ 为 $C_{n-1}F_{2n-1}COOH$ 在 t 时的浓度;C_0 为 PFCAs 的初始浓度;$C'_{11,0}$ 为 PFUnDA 的当量初始浓度;k_n 为 $C_{n-1}F_{2n-1}COOH$ 的速率常数;$\alpha_{n\to n-1}$ 为 $C_{n-1}F_{2n-1}COOH$ 转化为 $C_{n-2}F_{2n-3}COOH$ 的转化率。

因此：
$$C_{2,t}/C_0 = 1 + \alpha_{3\to 2}\{1 + \alpha_{4\to 3}\{1 + \alpha_{5\to 4}\{1 + \alpha_{6\to 5}\{1 + \alpha_{7\to 6}$$
$$\{1 + \alpha_{8\to 7}\{1 + \alpha_{9\to 8}\{1 + \alpha_{10\to 9}\{1 + \alpha_{11\to 10}[1 + \alpha_{12\to 11}(1-e^{-k_{12}t})]$$
$$(1-e^{-k_{11}t})\}(1-e^{-k_{10}t})\}(1-e^{-k_9 t})\}(1-e^{-k_8 t})\}(1-e^{-k_7 t})\}$$
$$(1-e^{-k_6 t})\}(1-e^{-k_5 t})\}(1-e^{-k_4 t})\}(1-e^{-k_3 t}) \tag{2-5}$$

假设 $\alpha_{n\to n-1}$ 为 0.7，TFA 的拟合曲线非常接近实际降解曲线。因此，在逐步降解过程中，PFCAs 转化为少一个 CF_2 单元的 PFCAs 的转化率大约为 70%。然而，这并不意味着 PFCAs(C2~C12)在混合溶液中具有相同的转化率，它只是一个简化的近似模拟计算。除了氟离子外，其余的氟可能被转化为气相产物，在反应混合物样品中检测到的全氟烯烃也从侧面证明了这一点[图 2-19]。

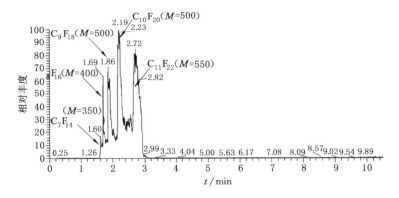

图 2-19　照射 18 h 后混合溶液的 GC-MS 提取离子色谱图(XIC)

2.4　本章小结

实验结果表明，在温和的反应条件下，即常温、常压和天然水体 pH 值，300 W 中压汞灯能够有效降解除了 TFA 之外的其他目标 PFCAs。假一级反应速率常数(k_{app})随碳链长度的增加而增大，表明这些化合物的光降解会根据结构特征而变化。量子化学理论计算表明，k_{app} 值与 D_{C-C}、$E_{LUMO} - E_{HOMO}$、BO_{C-C} 和 L_{C-C} 等 4 个分子结构参数相关。具有 n 个碳原子的母体 PFCAs 光解可以通过逐步脱去 CF_2 基团生成各种碳链较短的 PFCAs 中间产物，而含有 $n-1$ 个碳原子的化合物是主要降解产物，转化率约为 0.7。除了 TFA 会在水溶液中积累之外，我们首次报道了生成的气相产物全氟烯烃($C_n F_{2n}$)，而这些研究结果可以提高人们对 PFCAs 光降解的认识。

第 3 章
一氢取代全氟羧酸的光降解动力学和机理研究

3.1 引言

全氟羧酸是一类广泛存在于环境中的持久性有机污染物,引起了全世界的关注。全氟羧酸具有高的表面活性,优异的热稳定性和化学稳定性以及高的透光性,被用于制作乳化剂、添加剂、表面活性剂、表面处理剂和阻燃剂等[72,78,82,147]。在各种环境基质,包括水体、沉积物、灰尘和野生动物中均可检测到 PFCAs[85,148]。结果表明,长链 PFCAs 更容易在人体内积累[149-150],从而影响人类的身体健康[151]。虽然短链 PFCAs(≤C7)比较不容易在生物体内累积,但是它们在环境中也难以发生自然降解[152]。由于全氟化合物对生物的毒性,因而人们正在大力开发 PFCAs 的替代品。

一氢取代全氟羧酸(H-PFCAs,$HC_nF_{2n}COOH$)被视为一种 PFCAs 的替代物,是 PFCAs 末端三氟甲基上的一个氟原子被氢原子取代而形成的化合物。Hori 等[153-154]分别开展了热诱导过硫酸盐降解 H-PFCAs($HC_nF_{2n}COOH$,$n=4,6,8$)和杂多酸($H_4SiW_{12}O_{40}$)光催化降解 H-PFCAs($HC_nF_{2n}COOH$,$n=4,6$)的研究,发现由于碳氢键的存在,H-PFCAs 比相同碳链长度的 PFCAs 更容易降解。但是,现阶段仍然缺乏关于 H-PFCAs 直接光降解规律的其他研究。

近年来,光化学方法由于高效、低能耗和低二次污染的优点而得到了广泛的应用[149,155]。Tang 等[156]发现,UV-Fenton 体系可以有效降解全氟辛酸(PFOA),5 h 内 PFOA 的去除率为 95%。Hori 等[75]发现,在 200 W 氙灯光照体系中加入 50 mmol/L 的 $S_2O_8^{2-}$ 可以有效降解 C4~C8 的 PFCAs。据文献[157]报道,反应 12 h 后,UV/Cu-TiO_2 体系中的 PFOA 降解率和脱氟率可以分别达到 91% 和 19%。与以上这些光化学氧化和光催化氧化方法相比,直接光

第3章　一氢取代全氟羧酸的光降解动力学和机理研究

解具有不需要添加额外的氧化剂/催化剂，操作方便、成本低廉等特点。Giri 等[155]发现，UV联合(185 nm+254 nm)照射方法降解能够极大地提高 PFOA 的降解效率，使其在 4 h 内几乎可以完全降解[131]。第 2 章的研究同样表明，中压汞灯照射 16 h 后，几乎可以完全降解 C4~C12 的 PFCAs。

本章我们系统研究了典型的 H-PFCAs（$HC_nF_{2n}COOH$, $n=4,6,10$）在汞灯照射下的光降解规律。本实验的目的在于：

(1) 比较 H-PFCAs 与相同碳链长度 PFCAs 的光降解效率和反应机理；

(2) 评估溶液 pH，腐殖酸（HA）和无机离子（Cl^-、SO_4^{2-}、CO_3^{2-}、HCO_3^-、NO_3^-、Na^+、K^+、Ca^{2+}、Mg^{2+}、Cu^{2+} 和 Fe^{3+}）对 H-PFCAs 光降解速率的影响。

(3) 鉴定 11H-PFUnDA 的光降解产物，同时阐明其反应路径和机理。

(4) 利用 ECOSAR 程序评估反应中间产物对三种水生生物（鱼类、水蚤和绿藻）的毒性。

3.2　材料与方法

3.2.1　药品和试剂

本实验研究的 H-PFCAs 包括 5H-全氟戊酸（5H-PFPeA、HC_4F_8COOH）、7H-全氟庚酸（7H-PFHpA、$HC_6F_{12}COOH$）和 11H-全氟十一烷酸（11H-PFUnDA、$HC_{10}F_{20}COOH$）以及相应的 PFCAs，均购自北京××化学试剂有限公司。以上物质的储备液均用甲醇配制，储备液浓度为 400 μmol/L，4 ℃黑暗条件下储存备用。色谱纯的甲醇和甲酸都购自德国××公司。本实验中用到的其余化学药品均购自正规商家。

3.2.2　实验方法

所有的光降解实验均在 XPA-1 光化学反应仪（南京××机电厂）中进行，光源为 1 000 W 的可调汞灯。汞灯被竖直放置在具有循环水的石英冷却阱中来保持反应过程中的温度恒定。用配备 365 nm 探头的 UV-A 辐射计（北京某光电仪器厂）来测量样品处的光强度，为 (15 ± 0.1) mW/cm^2。石英反应管（ϕ25 mm×18 cm）中装有 40 mL 浓度为 1 μmol/L 的反应液，并被放置在旋转木马装置中进行反应，石英管与汞灯之间的距离为 5 cm。

用超纯水直接稀释储备液至反应浓度会使反应溶液中含有一定量的甲醇（体积分数为 0.25%），我们预先研究了少量甲醇对 H-PFCAs 光降解效率的影响，结果如图 3-1 所示。由图 3-1 可知，甲醇对 H-PFCAs 的光降解有一定的抑制作用。因此,为了避免甲醇的影响,正式实验均在甲醇去除条件下进行,去除方法如下:首先将每个石英管中的 0.1 mL H-PFCAs 储备液用低流速氮气吹干,直到甲醇完全蒸发;然后加入 40 mL 超纯水,超声溶解。

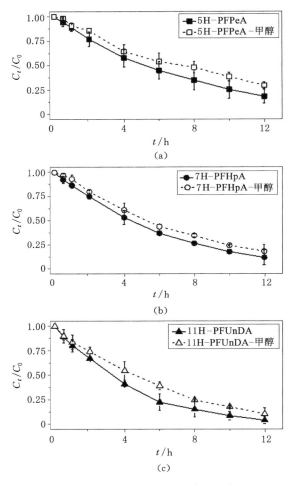

图 3-1　甲醇对三种 H-PFCAs 光降解速率的影响

pH 值影响实验中,使用 HCl 和 NaOH 溶液将初始反应溶液 pH 值调节至所需值(设定为:3.0、5.0、7.0、9.0、11.0),误差范围为±0.1。腐殖酸影响实验中,将一定浓度的腐殖酸溶液加入反应溶液中,初始反应溶液中 HA 的浓度为 1.0 mg/L 和 10.0 mg/L。固定浓度的无机离子(阳离子:Na^+、K^+、Ca^{2+}、Mg^{2+}、Cu^{2+} 和 Fe^{3+};阴离子:Cl^-、SO_4^{2-}、CO_3^{2-}、HCO_3^- 和 NO_3^-)被加入反应溶液中,研究其对 H-PFCAs 光降解的影响。反应一定时间(0 h、0.5 h、1 h、2 h、4 h、6 h、8 h、10 h、12 h)后,取 600 μL 溶液放入棕色液相小瓶中,待分析。每个反应均设三个平行。

3.2.3 分析方法

H-PFCAs 的浓度使用 Agilent 1260 高效液相色谱(HPLC)和 API 4000 三重四极杆质谱(AB Sciex,Concord,ON,加拿大)联用仪测定。采用多反应检测方法(MRM)在负电喷雾电离模式下测定,分离柱型号为 Thermo Hypersil BDS C18(2.1 mm×100 mm,粒径 2.4 μm)。液相色谱条件如下:柱温为 30 ℃,流动相为 0.3% 甲酸水(A 相)和 100% 甲醇(B 相),流速为 200 μL/min。梯度洗脱程序为 90% A 保持 2 分钟,在 0.5 min 内降至 5% A,保持 7 min,然后在 0.5 min 内返回到 90% A,平衡 6 min。质谱参数如下:离子喷雾电压 −3.5 kV,毛细管电压为 1.0 kV,源温度为 550 ℃,去溶剂化温度为 350 ℃,碰撞气体压力为 7 psi,气帘气体压力为 20 psi,离子源气体 1 压力为 55 psi,离子源气体 2 压力为 55 psi。测定过程中使用的气体均为氮气。优化后,每种分析物的去簇电压(DP)、入口电压(EP)、碰撞能量(CE)和电池出口电压(CXP)如表 3-1 所列。所有检测物质均使用两种产物离子进行定性,最终选择具有较高响应的的产物离子进行定量。H-PFCAs 的色谱图如图 3-2 所示。

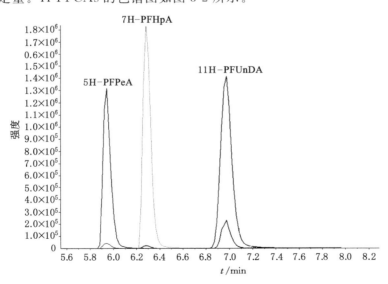

图 3-2　API 4000 分析时 H-PFCAs 色谱分离图

使用 Agilent 1260 高效液相色谱联用高分辨率飞行时间质谱仪(LC-TOF

5600-MS,AB Sciex,加拿大)鉴定极性降解产物。具体的分析条件如下:液相流动相为 0.3% 甲酸水(A 相)和 100% 甲醇(B 相),洗脱速度为 0.2 mL/min。分离柱为 Thermo BDS Hypersil C18 柱(10×2.1 mm,粒径 2.4 μm)。液相梯度洗脱程序为:B=10%(0~4 min),60%(4.5~7.5 min),80%(8~11 min),90%(11.5~15 min),100%(15.5~25 min)和 10%(25.5~35 min)。流动相比例的变化均在 0.5 min 内完成。采用负电喷雾电离模式(ESI)进行质谱分析。全扫描条件为:离子喷射电压为 −4 500 V,源温度为 550 ℃,气体 1 压力为 55 psi,气体 2 压力 55 psi,气帘气体压力为 35 psi,去簇电压(DP)为 −80 V,碰撞能量(CE)为 −10 V,质荷比(m/z)扫描范围为 70~1 000 amu。此外,通过二级质谱进行产物离子扫描(MS2),得到各产物的碎片信息进行结构解析。MS2 扫描的源/气参数设置与全扫描完全相同。

表 3-1　API 4000 检测 H-PFCAs 的质谱碎片以及相关参数

H-PFCAs	离子对/Da	R_t/min	DP/V	EP/V	CE/V	CXP/V
5H-PFPeA	244.8/200.8	5.95	−34.41	−10.00	−11.52	−15.00
	244.8/180.6	5.95	−33.67	−10.00	−15.39	−15.00
7H-PFHpA	**344.8/280.8**	6.32	−38.06	−10.00	−16.46	−15.00
	344.8/130.8	6.32	−32.91	−10.00	−35.64	−15.00
11H-PFUnDA	**544.9/480.9**	6.90	−46.72	−10.00	−18.94	−15.00
	544.9/168.8	6.90	−46.11	−10.00	−30.82	−15.00

注:表中黑体的母离子/子离子对为最终定量离子。

弱极性降解产物使用 GC-ISQ-MS(Thermo,美国)进行分析,分离柱为 DB-5MS 熔融石英毛细管柱(30 m×0.25 mm×0.25 μm,加拿大)。同时,采用电子轰击电离源(EI)和化学电离源(CI)测定,在这两种模式下,源温度、进样口温度和传输线温度分别为 240 ℃、250 ℃ 和 280 ℃。气相色谱条件如下:初始柱温箱温度为 40 ℃ 并保持 1 min,以 3 ℃/min 升至 200 ℃ 并保持 3 min,然后以 20 ℃/min 升至 280 ℃ 并保持 3 min。EI 和 CI 模式下氦气流速均为 0.8 mL/min,CI 模式下的甲烷气流速为 1.5 mL/min。使用固相微萃取(SPME)方法在顶空模式下提取产物[158],样品的进样方式为手动进样。SPME 中使用 PDMS-DVB 纤维萃取头(65 μm),在 80 ℃、1 000 r/min 条件下萃取 60 min,然后在 GC 进样口于 250 ℃ 热解吸 15 min。每次进样前后,萃取头都在 GC 进样口于 250 ℃ 烘烤 20 min。

反应溶液中的氟离子通过配备双活塞的 ICS-1000 离子色谱仪(Dionex,美国)来进行定量测定,电导率检测器型号为 Dionex DS6,分析柱型号为 Dionex IonPac AS11-HC(250 mm×4 mm)。洗脱液浓度为 20 mmol/L 的 KOH,流速为 1.0 mL/min。

3.2.4 毒性评估

由于很难分离和收集得到纯净的反应中间产物样品进行毒性测试,因而 ECOSAR 程序被用来进行 11H-PFUnDA 光降解中间产物对三种典型水生生物(鱼类、水蚤和绿藻)的毒性评估。根据全球化学品毒性分类和标签制度,一般而言,$LC_{50}(EC_{50})/ChV \leqslant 1.0$、$1.0 < LC_{50}(EC_{50})/ChV \leqslant 10.0$、$10.0 < LC_{50}(EC_{50})/ChV \leqslant 100.0$ 和 $LC_{50}(EC_{50})/ChV > 100.0$ 分别被认为该化合物非常有毒、有毒、有害和无毒。

3.3 结果与讨论

3.3.1 H-PFCAs 的光降解动力学

黑暗条件下反应 12 h 后,H-PFCAs 没有发生明显降解,且所有物质的浓度变化均小于 2%(图 3-3)。如图 3-4 所示,H-PFCAs 在汞灯照射下迅速降解,$\ln(C_t/C_0)$ 和 t 拟合的线性方程 R^2 值均达到 0.99,其中 C 是任一给定时间点 H-PFCAs 的浓度,C_0 是初始浓度。这说明 H-PFCAs 的光降解都遵循假一级反应动力学,并且 5H-PFPeA、7H-PFHpA 和 11H-PFUnDA 的假一级速率常数分别为 0.138 2 h^{-1}、0.172 7 h^{-1} 和 0.653 1 h^{-1}。显然,碳链越长的 H-PFCAs 越容易降解。然而,Hori 等[153]发现在 60 ℃ 的 $S_2O_8^{2-}$ 氧化体系中,H-PFCAs 的反应活性几乎不受碳链长度的影响,三种 H-PFCAs(HC_4F_8COOH、$HC_6F_{12}COOH$、$HC_6F_{12}COOH$)的初始降解速率几乎相等(1.08~1.28 μmol/h)。研究人员还发现,在 $H_4SiW_{12}O_{40}$ 光催化反应体系中,HC_4F_8COOH 和 $HC_6F_{12}COOH$ 的降解行为相似,两种物质的假一级反应速率常数几乎相等,即 (1.11~1.14)×10^{-2} h^{-1},48 h 之后的转换数都为 4.7[154]。

3.3.2 与 PFCAs 的比较

我们比较了 H-PFCAs 与相应的 PFCAs 的光降解速率(图 3-5),发现随着碳链的增长,H-PFCAs 和 PFCAs 的光降解速率都增加。三种 PFCAs 的 k 值分别为 0.175 2 h^{-1}、0.200 0 h^{-1} 和 0.286 3 h^{-1},而 H-PFCAs 的降解速率几乎与 PFCAs 的降解速率相同。

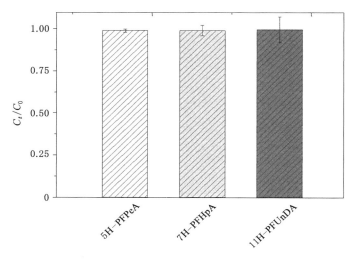

图 3-3 黑暗条件下反应 12 h 后 H-PFCAs 的降解效率

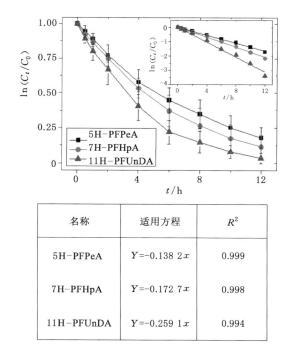

名称	适用方程	R^2
5H-PFPeA	$Y=-0.138\,2x$	0.999
7H-PFHpA	$Y=-0.172\,7x$	0.998
11H-PFUnDA	$Y=-0.259\,1x$	0.994

图 3-4 H-PFCAs 在汞灯照射下的光降解效率图

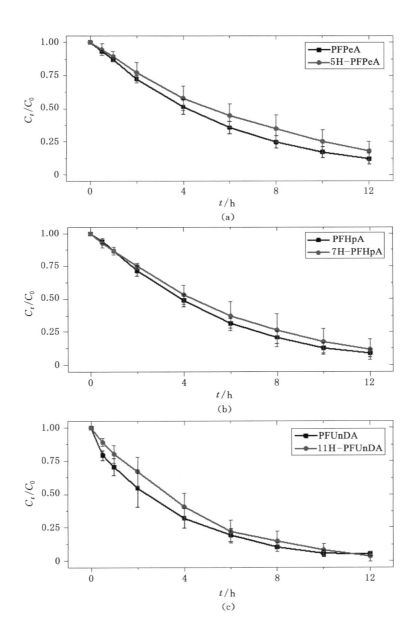

图 3-5 H-PFCAs 与相应 PFCAs 的光降解效率对比图

与此不同的是，Hori 等[153-154]发现，在 $H_4SiW_{12}O_{40}$ 诱导的光催化和热诱导的 $S_2O_8^{2-}$ 氧化体系中，$HC_6F_{12}COOH$ 的降解速率高于 $C_6F_{13}COOH$，这种差异可能是由于实验方法的不同造成的。在随后的研究中，我们从降解机理这一层面分析比较了 H-PFCAs 与 PFCAs 的光反应速率之间的相似性。可以看出，H-PFCAs 的初始反应路径与 PFCAs 类似，都是始于末端羧基的断裂，而氢取代的那一端并没有发生降解。因此，在本反应体系中，两类化合物的反应速率比较接近。

3.3.3 H-PFCAs 光降解的影响因素

3.3.3.1 pH 值的影响

为方便比较，本实验选择 11C 的 H-PFCAs，即 11H-PFUnDA 来考察 pH 值的影响。

同样，不同 pH 值下 11H-PFUnDA 的光降解符合假一级动力学模型（$R^2>0.95$）。在不同 pH 值（3.0、5.0、7.0、9.0、11.0）条件下，11H-PFUnDA 的 k 值如图 3-6(a)所示。可以看出，11H-PFUnDA 的降解速率随着 pH 值的降低而增加。在许多有机化合物的降解过程中，我们也发现了类似的结果。例如，Lee 等[159]发现，pH 值为 11.5 时 PFOA 降解的假一级反应速率常数比 pH 值为 2 时慢 7.4 倍。Chen 等[160]报道了 254 nm 紫外光照射下 PFOA 在不同 pH 值条件下的降解速率顺序为：pH=4＞pH=7＞pH=10。此外，pH 值的降低大大促进了双酚 A 在 $NaBiO_3$ 光催化体系中的降解速率[161]。

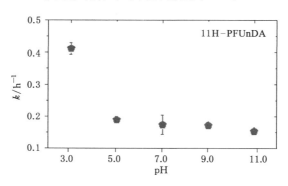

图 3-6 不同 pH 值条件下 11H-PFUnDA 光降解的假一级反应速率常数

3.3.3.2 无机盐离子的影响

常见阴离子和阳离子对 11H-PFUnDA 光降解的影响如图 3-7 至图 3-8 所示。加入 Cl^- 和 SO_4^{2-} 后对 11H-PFUnDA 光降解没有明显的影响，而 NO_3^- 则

第 3 章 一氢取代全氟羧酸的光降解动力学和机理研究

表现出了明显的抑制作用。加入 5 mmol/L NO_3^- 后,11H-PFUnDA 的光降解速率从 0.259 1 h^{-1} 显著降低至 0.057 0 h^{-1}。作为直接的光降解反应,光强度在化合物降解过程中起着至关重要的作用。含有不同阴离子的 11H-PFUnDA 反应溶液的紫外吸收光谱如图 3-9 所示。NO_3^- 抑制 11H-PFUnDA 的光降解,这是由于该阴离子的强光吸收造成的。加入 NO_3^- 后,光强度降低了 4 mW/cm^2。Li 等[162]发现,CO_3^{2-} 和 HCO_3^- 对结晶紫的光降解产生轻微的抑制作用。据报道,HCO_3^- 是天然水中典型的自由基清除剂[163]。当溶液中存在 HCO_3^-/CO_3^{2-} 时,它们会优先消耗·OH,从而生成·CO_3^- [164-166]。但是,在这项工作中未观察到·OH 自由基引发的反应。如图 3-7 所示,CO_3^{2-} 和 HCO_3^- 在紫外线区域都有吸收,这将降低光强度,降低 11H-PFUnDA 的去除效率。Zeng 等[167]发现,碳酸氢盐在 DOM 存在下对阿替洛尔的光解起抑制作用。然而,Mao 等[163]报道,HCO_3^- 的存在会促进对氨基苯甲酸的光降解速率,而这种差异可以归因于不同的目标化合物和反应机理。

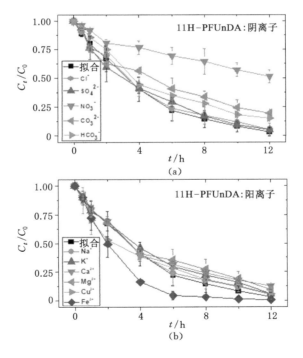

图 3-7 不同无机离子对 11H-PFUnDA 光降解速率的影响

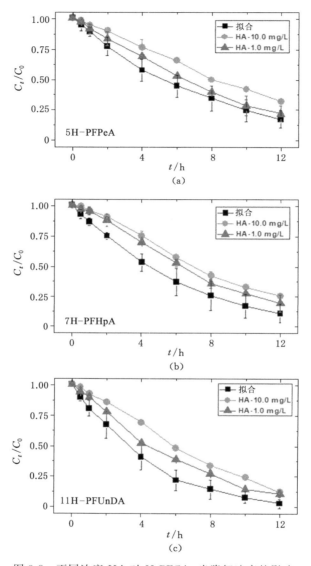

图 3-8 不同浓度 HA 对 H-PFCAs 光降解速率的影响

至于阳离子，Fe^{3+} 对 11H-PFUnDA 光降解表现出明显的促进作用，而其他阳离子（如 Na^+、K^+、Ca^{2+}、Mg^{2+} 和 Cu^{2+}）对其的影响可忽略不计（图 3-7）。Cheng 等[148]观察到在 VUV/Fe^{3+} 系统中 PFOA 的脱氟率显著增加，并且在存在 20 μmol/L 铁离子的情况下，脱氟速率大约是用 185 nm 紫外光直接光解脱氟速率的两倍。VUV/Fe^{3+} 处理过程中 PFOA 的光催化分解归因于 PFOA 和

第 3 章 一氢取代全氟羧酸的光降解动力学和机理研究

三价铁离子之间的络合物的生成,该复合物在紫外线辐射下表现出明显的光化学活性,如方程(3-1)至方程(3-3)所述,证明了阿替洛尔的光降解速率常数随着 Fe^{3+} 浓度的增加而增加[168]。随着 Fe^{3+} 浓度的增加,结晶紫的光化学分解速率越快。在阿替洛尔的光解中,Zeng 等[167]也报道了类似的结果。

$$C_7F_{15}COO^- + Fe^{3+} \longrightarrow [C_7F_{15}COO-Fe]^{2+} \qquad (3-1)$$

$$[C_7F_{15}COO-Fe]^{2+} + h\nu \longrightarrow [C_7F_{15}COO\cdot] + Fe^{2+} \qquad (3-2)$$

$$Fe^{2+} + h\nu \longrightarrow Fe^{3+} \qquad (3-3)$$

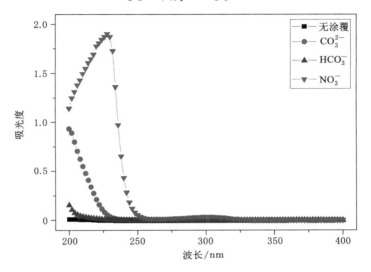

图 3-9 含有不同阴离子的 11H-PFUnDA 反应溶液的紫外吸收光谱

3.3.3.3 腐殖酸的影响

溶解性有机质在天然水体中普遍存在,它们可以通过一系列反应(如直接能量转移、与光致活性氧物种之间的相互作用)影响有机污染物的光降解[169]。在本实验中,我们研究了腐殖酸(HA)对 H-PFCAs 光降解的影响,结果列在图 3-8 中。分析该图发现,HA 抑制了所有 H-PFCAs 的光降解,并且高浓度 HA(10.0 mg/L)对反应的抑制作用更加明显。这是由于 HA 的遮光效应、ROS 清除效应和化学稳定效应造成的[170]。HA 对光降解反应的抑制作用在其对氨基苯甲酸[163]、阿替洛尔[171]和全氟羧酸[168]的光降解实验中均有提到。

3.3.4　11H-PFUnDA 的降解产物和机理分析

通过 LC-TOF-MS 来鉴定极性产物,SPME-GC-ISQ-MS 鉴定非极性产物。11H-PFUnDA 光照不同时间后的总离子流色谱图(TIC)如图 3-10 所示。由图 3-10 可以看出,11H-PFUnDA 的物质峰出现在 13.5 min 左右。在汞灯照射下，11H-PFUnDA 的色谱峰逐渐消失，随着反应时间的增加有不同的新峰出现，表明有降解产物生成。11H-PFUnDA 可能的产物结构及其 MS/MS 质谱碎片如图 3-11 至图 3-16 所示。质荷比理论值和实验值之间的误差均小于 1×10^{-6}，表明推测的产物分子式具有较高的准确性（表 3-2）。非极性产物在 CI 和 EI 模式下的提取离子色谱（XIC）和质谱图也在图 3-11 至图 3-14 中列出。

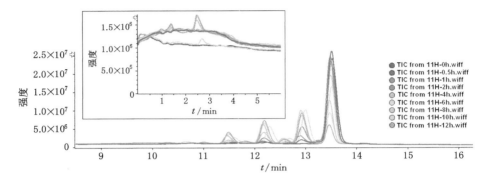

图 3-10　不同反应时间后 11H-PFUnDA 的总离子流色谱图（TIC）

表 3-2　LC-TOF-MS 检测到的 11H-PFUnDA 极性产物的准确质谱信息

化合物	R_t/min	化学式	m/z 理论值	m/z 实际值	误差/10^{-6}
P1	12.913	$C_{10}F_{18}O_2H_2$	494.968 9	494.969 2	0.61
P2	12.173	$C_9F_{16}O_2H_2$	444.972 1	444.972 1	0.00
P3	11.476	$C_8F_{14}O_2H_2$	394.975 3	394.975 3	0.00
P4	10.339	$C_7F_{12}O_2H_2$	344.978 5	344.978 4	−0.29
P5	2.477	$C_6F_{10}O_2H_2$	294.981 7	294.981 7	0.00
P6	1.405	$C_5F_8O_2H_2$	244.984 9	244.985 0	0.41
P7	0.996	$C_4F_6O_2H_2$	194.988 1	194.988 2	0.51
P8	0.914	$C_3F_4O_2H_2$	144.991 3	144.991 4	0.69
P19	12.591	$C_{10}F_{17}O_2H_3$	476.978 3	476.978 3	0.00
P20	11.780	$C_9F_{15}O_2H_3$	426.981 5	426.981 5	0.00
P21	10.983	$C_8F_{13}O_2H_3$	376.984 7	376.984 7	0.00
P22	3.623	$C_7F_{11}O_2H_3$	326.987 9	326.987 9	0.00
P23	1.548	$C_6F_9O_2H_3$	276.991 1	276.991 1	0.00
P24	1.030	$C_5F_7O_2H_3$	226.994 3	226.994 1	−0.88

第 3 章 一氢取代全氟羧酸的光降解动力学和机理研究

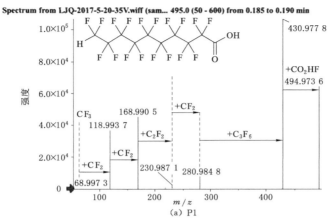

(a) P1

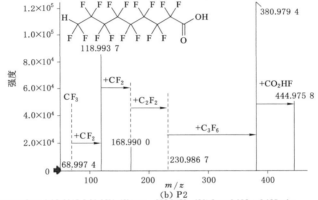

(b) P2

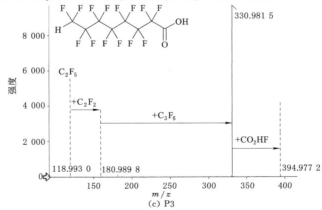

(c) P3

图 3-11　由 LC-TOF-MS(P1～P6)鉴定的 11H-PFUnDA 反应中间产物的质谱碎片图

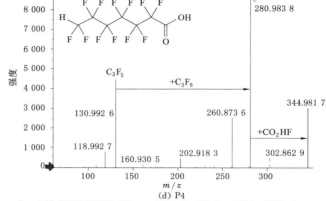

(d) P4

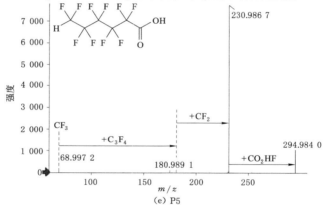

(e) P5

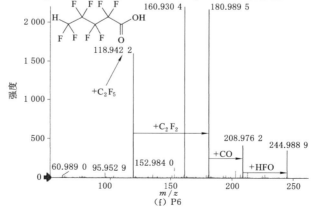

(f) P6

图 3-11 （续）

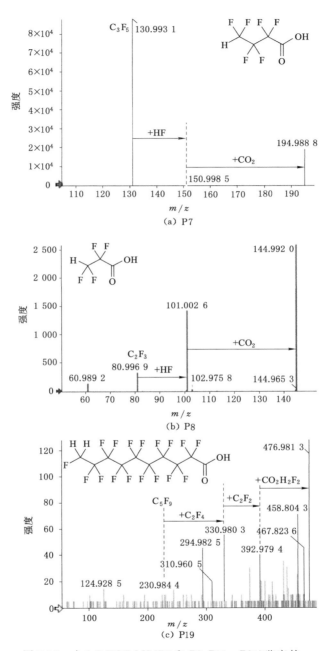

图 3-12 由 LC-TOF-MS(P7 和 P8,P19~P24)鉴定的 11H-PFUnDA 反应中间产物的质谱碎片图

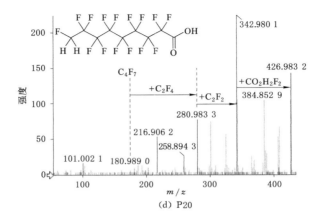

(d) P20

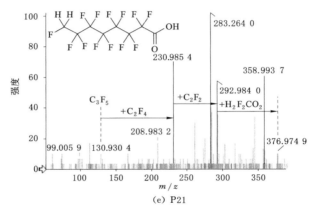

(e) P21

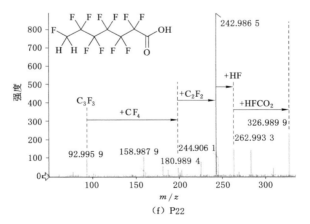

(f) P22

图 3-12 （续）

第 3 章 一氢取代全氟羧酸的光降解动力学和机理研究

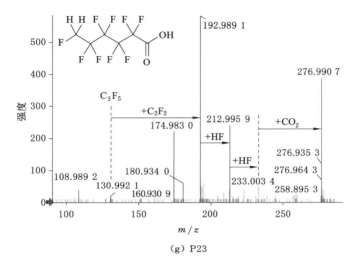

(g) P23

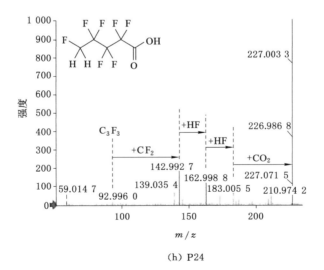

(h) P24

图 3-12 （续）

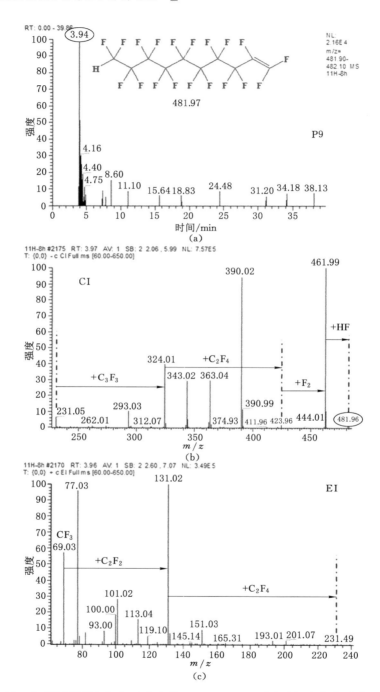

图 3-13 由 GC-MS(P9 和 P10)鉴定的 11H-PFUnDA 反应中间产物的质谱碎片图

第 3 章 一氢取代全氟羧酸的光降解动力学和机理研究

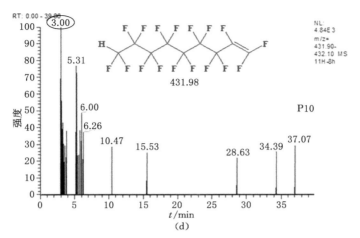

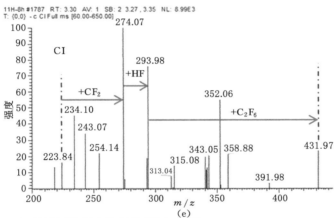

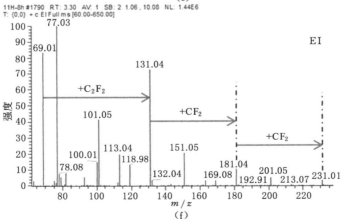

图 3-13 （续）

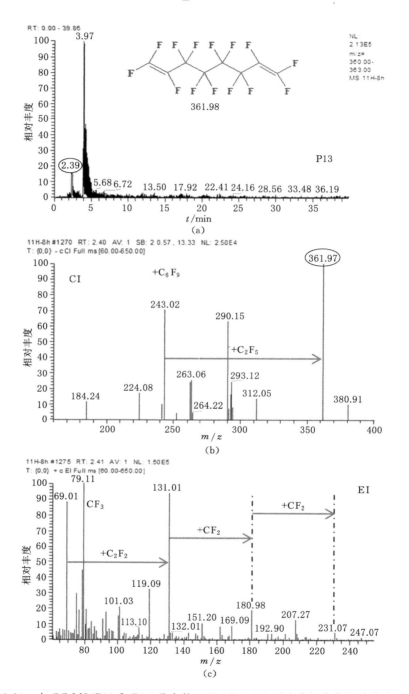

图 3-14　由 GC-MS(P13 和 P14)鉴定的 11H-PFUnDA 反应中间产物的质谱碎片图

第 3 章 一氢取代全氟羧酸的光降解动力学和机理研究

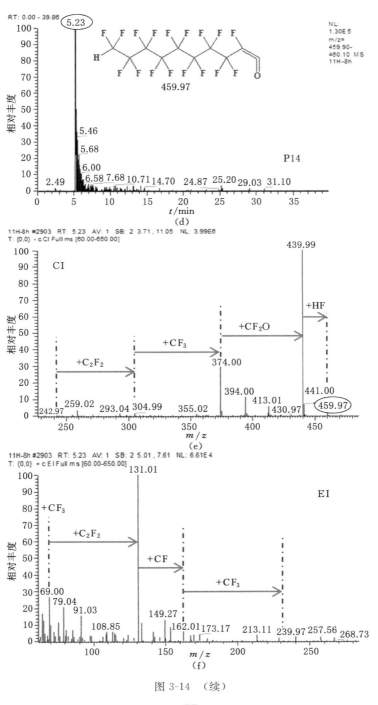

图 3-14 （续）

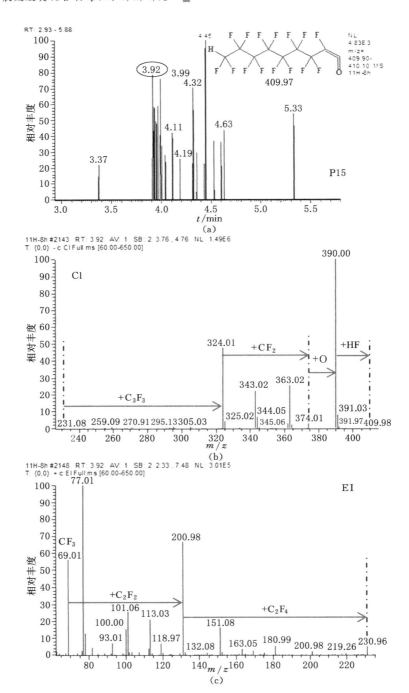

图 3-15 由 GC-MS(P15 和 P16)鉴定的 11H-PFUnDA 反应中间产物的质谱碎片图

第 3 章 一氢取代全氟羧酸的光降解动力学和机理研究

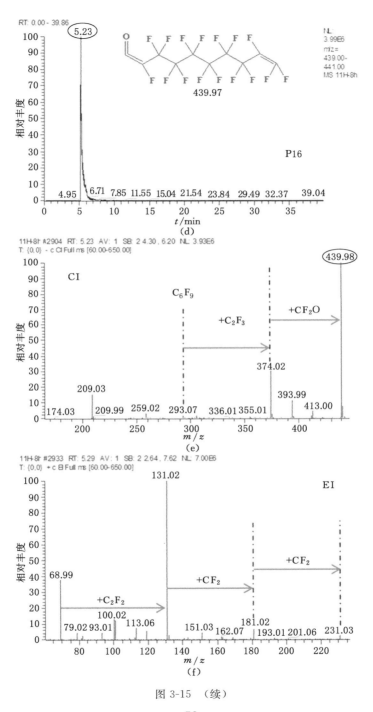

图 3-15 （续）

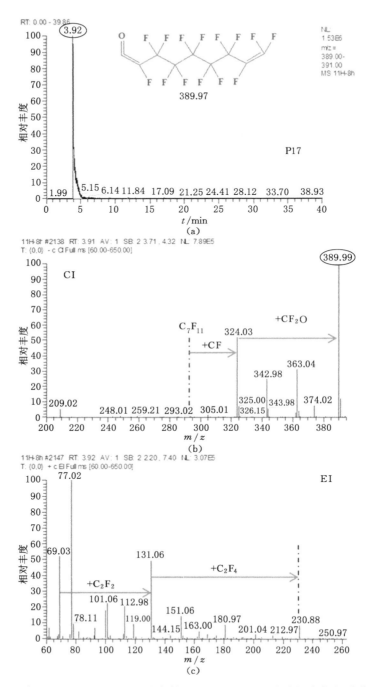

图 3-16 由 GC-MS(P17 和 P18)鉴定的 11H-PFUnDA 反应中间产物的质谱碎片图

第 3 章 一氢取代全氟羧酸的光降解动力学和机理研究

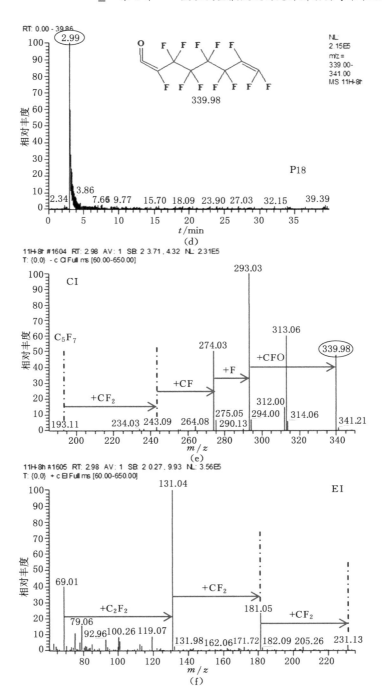

图 3-16 （续）

11H-PFUnDA 的产物主要有三个生成路径,该物质光降解生成的产物均列在图 3-17 中。产物 P1～P8 的母离子质荷比分别为 494.968 9、444.972 1、394.975 3、344.978 5、294.981 7、244.984 9、194.988 1 和 144.991 3,P1～P8 的出峰时间分别为 12.913 min、12.713 min、11.476 min、10.339 min、2.477 min、1.405 min、0.996 min 和 0.914 min(表 3-2)。通过分析 LC-MS 的二级质谱碎片图发现,这 8 种产物是一系列与 11H-PFUnDA 结构类似的物质。图 3-18 显示了这些降解产物在不同取样时间点的浓度变化。随着反应的进行,P1 的浓度先上升,且在 6 h 升至最大值,然后逐渐降低。P2 和 P3 与 P1 的浓度变化趋势类似,分别在 8 h 和 10 h 达到浓度最大值。P4～P8 的浓度则随着反应时间的增长而逐渐增加。此外,长碳链的中间产物通常比短链产物的浓度更高。这表明,11H-PFUnDA 通过逐步失去 CF_2 基团降解生成一系列较短碳链的中间体,如 $HC_9F_{18}COOH$ 和 $HC_8F_{16}COOH$。该路径的反应机理与之前提到的 PFOA 降解机理类似。首先,羧基碳和相邻的烷基碳原子之间的碳碳键在光照条件下断裂,产生一氢取代全氟烷基自由基($HC_nF_{2n}·$,$n=3\sim10$);其次,这些不稳定的自由基与水反应生成 $HC_nF_{2n}OH$,再进行 HF 消除,形成 $HC_{n-1}F_{2n-2}COF$;最后,通过水解作用生成少一个 CF_2 基团的短链 H-PFCAs。

如图 3-13 所示,在 GC-ISQ-MS 色谱图的 3.94 min 和 3.00 min 检测到质荷比为 481.97($HC_8F_{16}CF=CF_2$,P9)和 431.98($HC_7F_{14}CF=CF_2$,P10)的分子离子峰。在质谱图上,我们可以观察到母离子失去 HF 或不同组合的 C 和 F 原子而生成的碎片离子,如 131(C_3F_5)和 231(C_5F_9)等典型碎片。但是,没有检测到更短碳链的产物,这是由于碳链较短的此类物质挥发性较高或生成的浓度太低导致的。在关于 PFOA 光降解研究中,报道了类似的中间产物[171]。脱羧反应产生的 $HC_nF_{2n}·$ 自由基也可以通过消除一个氟原子生成烯烃 HC_nF_{2n-1}。这些烯烃中间产物可以进一步消去一个氟化氢然后生成二烯烃(P11～P13)。这些二烯烃产物分别出现在 3.96 min($m/z=461.971\ 3$,$CF_2=CFC_6F_{12}CF=CF_2$,P11)、3.02 min($m/z=411.974\ 5$,$CF_2=CFC_5F_{10}CF=CF_2$,P12)和 2.39 min($m/z=361.977\ 6$,$CF_2=CFC_4F_8CF=CF_2$,P13)。

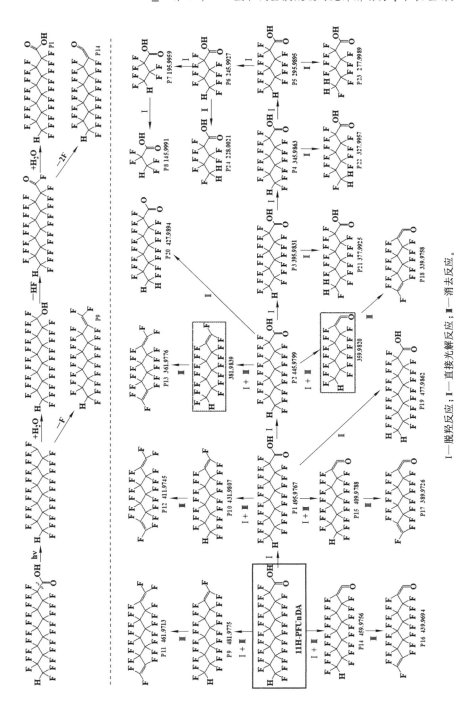

图 3-17 11H-PFUnDA 的光降解路径图

烯酮类产物（P14 和 P15）是通过 $HC_{n-1}F_{2n-2}COF$（生成短链 H-PFCAs 的中间体）脱去相邻的两个氟原子生成的。根据先前的研究，α-氟代酰氟可以消去酰基碳及邻位碳上的 F 原子形成 C＝C＝O 键[172-173]。邻位脱氟反应被认为在不饱和 7:3 氟调聚物酸（7:3 FTUCA）的转化过程中起到了一定作用。P14 和 P15 的质荷比分别为 459.975 6（$HF_2CC_7F_{14}CF=C=O$）和 409.978 8（$HF_2CC_6F_{12}CF=C=O$）。相应地，烯酮可以进一步消除一个 HF 分子生成不饱和烯酮。检测到的不饱和烯酮产物 P16（$F_2C=CFC_5F_{10}CF=C=O$，$m/z=439.994$）、P17（$F_2C=CFC_4F_8CF=C=O$，$m/z=389.972\ 6$）和 P18（$F_2C=CFC_3F_6CF=C$，$m/z=339.975\ 8$）证实了这一推论。

此外，我们还检测到了另外一类系列产物（P19 到 P24），它们是通过直接光解途径生成的。C—F 键的能量约为 544.18 kJ/mol[5]，该能量对应于波长为 240 nm 的光子能量。本实验所用汞灯发出的紫外光能使 C—F 键断裂，形成的自由基能够从水分子中抽取一个氢原子（抽氢反应）而生成脱氟产物。如图 3-18 所示，产物 P19～P24 的浓度随着反应的进行逐渐升高。

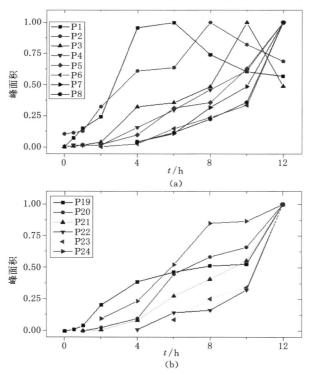

图 3-18　11H-PFUnDA 光降解产物浓度变化图

3.3.5 毒性评估

ECOSAR 程序被用于预测 11H-PFUnDA 及其反应中间产物对三种水生生物(鱼类,水蚤和绿藻)的毒性,预测的毒性数据列于表 3-3 中。如表 3-3 所列,极性光降解产物(P1~P8,P19~P24)均表现出毒性降低,其中一些中间体甚至表现为无害。同时,非极性产物 P9~P13 表现出了高毒性。幸运的是,这些剧毒的中间产物通常不溶于水。因此,光降解可以认为是一种有效降低 H-PFCAs 毒性的处理技术。

表 3-3 通过 ECOSAR 程序预测的 11H-PFUnDA 及其中间产物的急性和慢性毒性

物质	急性毒性/(mg·L^{-1})			慢性毒性/(mg·L^{-1})		
	鱼 96h-LC$_{50}$	大型蚤 48h-LC$_{50}$	绿藻 96h-LC$_{50}$	鱼	大型蚤	绿藻
11H-PFUnDA	0.737[①]	0.618	2.299[②]	0.114	0.178	1.432
极性产物						
P1	2.672	2.105	6.067	0.384	0.518	3.293
P2	9.586	7.098	15.848[③]	1.282	1.449	7.496
P3	33.955	23.636	40.877	4.221	4.064	16.850
P4	118.361[④]	77.455	103.757	13.678	11.212	37.273
P5	403.968	248.518	257.863	43.402	30.293	80.725
P6	1 339.414	774.631	622.571	133.791	79.507	169.848
P7	4 257.580	2 314.791	1 441.017	395.391	200.055	342.602
P8	12 652.969	6 467.113	3 118.395	1 092.467	470.626	646.101
P19	1.059	0.868	2.947	0.160	0.235	1.748
P20	3.782	2.914	7.666	0.530	0.664	3.961
P21	13.326	9.652	19.669	1.736	1.853	8.857
P22	46.134	31.412	49.582	5.587	5.078	19.457
P23	155.998	99.854	122.083	17.563	13.593	41.750
P24	510.431	307.151	290.876	53.429	35.207	86.688
非极性产物						
P9	0.036	0.031	0.129	0.006	0.010	0.085
P10	0.130	0.105	0.337	0.019	0.027	0.194
P11	0.023	0.020	0.090	0.004	0.007	0.062
P12	0.081	0.067	0.232	0.012	0.018	0.139

表 3-3(续)

物质	急性毒性/(mg·L^{-1})			慢性毒性/(mg·L^{-1})		
	鱼 96h-LC$_{50}$	大型蚤 48h-LC$_{50}$	绿藻 96h-LC$_{50}$	鱼	大型蚤	绿藻
P13	0.285	0.221	0.593	0.040	0.051	0.310
P14	1.327	0.970	2.051	0.175	0.191	0.942
P15	4.719	3.242	5.311	0.578	0.537	2.126
P16	0.834	0.621	1.419	0.112	0.129	0.679
P17	2.948	2.064	3.653	0.369	0.360	1.525
P18	10.252	6.747	9.251	1.193	0.992	3.365

注：① 剧毒；② 有毒；③ 有害；④ 无毒。

3.4 本章小结

本章研究了三种 H-PFCAs(5H-PFPeA、7H-PFHpA、11H-PFUnDA)在紫外光照射下的降解规律。研究结果表明，紫外光照射可以有效降解 H-PFCAs，且其降解符合假一级反应动力学，同时碳链越长的 H-PFCAs 越容易降解；与 PFCAs 比较发现，碳链长度相同的情况下，H-PFCAs 的降解速率与 PFCAs 几乎相同；反应体系的 pH 值和 HA 浓度均会影响该类物质的降解，且降解速率随着 pH 值的降低而升高，HA 浓度的升高而降低。11H-PFUnDA 可通过脱羧反应、直接光降解和消去反应这三种途径生成 24 种降解产物。通过 ECOSAR 程序进行的毒性评估表明，光解可以降低 $HC_{10}F_{20}COOH$ 的水生毒性。与别的降解技术(如电解、UV+过硫酸盐、生物降解)相比，直接光解体系具有能量消耗低、操作简单、反应条件温和(室温、常压、天然水体 pH 值)、降解效率较高等优点。因此，在实际环境水体中，可以用光降解技术来处理被 H-PFCAs 类物质污染的水体，具有重要环境意义。

第 4 章
四氢取代全氟羧酸的光降解动力学和机理研究

4.1 引言

作为一类新兴的有机污染物,全氟羧酸类化合物(PFCAs)在过去的几十年中引起了全世界学者的关注[153]。由于其优异的物理化学稳定性,疏油疏水性,低表面张力和高透光性,它们被广泛地应用于各种工业和消费产品中,如乳化剂、表面活性剂和阻燃剂等[72,82,147,174-175]。已有研究表明,全氟羧酸类化合物存在于各种环境介质中,包括水、沉积物、灰尘、污水处理厂污泥、野生生物甚至人体中[85,148]。调查显示,自然环境中的 PFCAs 可能来自工业的直接排放或前体化合物的转化。氟调聚物醇类(FTOHs)、全氟烷基磺酰胺类(PFASs)或多氟烷基磷酸酯类(PFAPs)等前体化学品可以通过一系列反应过程(如大气氧化以及生物降解和水解)转化为 PFCAs[175]。因此,我们应该对全氟羧酸类化合物前体物的环境行为予以关注。

一般地,我们把四氢取代全氟羧酸化合物(2H,2H,3H,3H-PFCAs;$C_nF_{2n+1}CH_2CH_2COOH$)称为 X∶3 多氟酸,其中 α-和 β-碳上的氟原子被氢原子取代,在工业上被认为是 PFCAs 的前体物[176]。因此,有效控制前体物向全氟羧酸类转化是现实中控制全氟化合物污染的重要一步。目前,大多数相关研究都集中在这些化合物的生物降解上。例如,Wang 等[177]认为,好氧生物对 7∶3 多氟酸($C_7F_{15}CH_2CH_2COOH$)的降解能力很低,而活性污泥中的微生物种群则可以通过一个新颖的"碳去除途径"将 5∶3 多氟酸($C_5F_{11}CH_2CH_2COOH$)降解为 4∶3 多氟酸($C_4F_9CH_2CH_2COOH$)。综上所述,目前仍缺乏有关 2H,2H,3H,3H-PFCAs 光降解的相关研究。

光化学方法具有高效且二次污染低等特点,已被视为一种很重要的有机污染物处理技术[156]。迄今,很多科研工作者已经对PFCAs的光降解进行了研究工作。Liang等[129]发现,铁离子的存在可以显著增强VUV辐射对全氟辛酸(PFOA)的去除效率。Chen等[157]发现,在UV/Cu-TiO$_2$系统中,PFOA(50 mg/L)在接受12 h光照降解后,它的分解和脱氟效率分别可以达到91%和19%。Xu等[178]发现,在五种不同的In$_2$O$_3$纳米结构中,In$_2$O$_3$多孔纳米板在紫外光下对分解PFOA具有最佳的催化性能,其速率常数和半衰期分别为0.158 min^{-1}和4.4 min^{-1}。Giri等[131]认为,185 nm+254 nm的混合紫外波长可以极大地促进PFOA的去除。Qu等[171]的研究结果表明,紫外线照射16 h后,PFCAs的去除率几乎可以达到100%。然而,2H,2H,3H,3H-PFCAs在光降解体系中的光降解动力学和反应机理仍未可知。

本章将研究在汞灯照射下,2H,2H,3H,3H-PFCAs(C$_n$F$_{2n+1}$C$_2$H$_4$COOH,n=6,7,8)在水溶液中的光化学转化动力学及机理。主要研究目的如下:

(1) 比较2H,2H,3H,3H-PFCAs与具有相同碳链长度的PFCAs在光反应动力学和机理上的区别。

(2) 探索无机离子,溶液反应初始pH值以及腐殖酸(HA)对2H,2H,3H,3H-PFCAs光降解的影响。

(3) 探索光解法去除天然水(包括自来水、九乡河水、污水处理厂出水)中2H,2H,3H,3H-PFCAs的可行性。

(4) 使用液相色谱高分辨率质谱和气相色谱质谱进行产物鉴定并阐明2H,2H,3H,3H-PFCAs的反应途径。

(5) 使用生态结构活性关系程序(ECOSAR)对光降解中间体对三种常见的水生物种(绿藻、水蚤和鱼类)的毒性进行预测。

4.2 材料与方法

4.2.1 化学试剂

2H,2H,3H,3H-PFCAs,包括2H,2H,3H,3H-全氟壬酸(2H,2H,3H,3H-PFNA,C$_6$F$_{13}$C$_2$H$_4$COOH)、2H,2H,3H,3H-全氟癸酸(2H,2H,3H,3H-PFDA,C$_7$F$_{15}$C$_2$H$_4$COOH)和2H,2H,3H,3H-全氟十一酸(2H,2H,3H,3H-PFUnDA,C$_8$F$_{17}$C$_2$H$_4$COOH)以及相应的PFCAs均购自上海某化学试剂有限公司。其他化学品(如腐殖酸、甲醇等)均购自商业渠道[179]。2H,2H,3H,3H-PFCAs和PFCAs的储备溶液均使用甲醇配制,并在4 ℃暗处储存,储备液

浓度均为 400 μmol/L。

4.2.2　实验方法

所有的实验操作均在由南京××机电厂制造的 XPA-1 光化学反应仪中进行。500 W 的汞灯被垂直放置在圆柱形石英冷阱中，并且在实验过程中持续通循环冷却水以避免过热。该汞灯的发光光谱由 Ocean Optics 的 USB 2000+ 辐射计测定，见图 4-1。

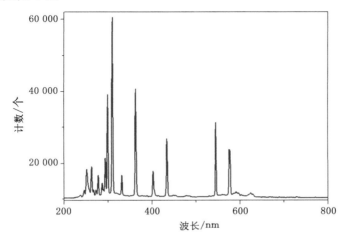

图 4-1　500 W 汞灯的发射光谱图

将配制好的初始浓度为 1 μmol/L 的 40 mL 反应溶液转移到石英管（ϕ25 mm×18 cm）中，然后将其放置在距汞灯 5 cm 处进行照射。在实验过程中，使用旋转木马装置以确保每个样品的均匀光照。北京××光电仪器厂制造的 UV-A 型辐射计测得样品位置的光强度为 (150±10) μW/cm^2。

本研究的预实验结果表明，直接稀释储备液得到的反应溶液中存在少量的甲醇（体积分数为 0.25%），该部分甲醇对 2H,2H,3H,3H-PFCAs 的光降解具有明显的抑制作用。该部分实验结果列在图 4-2 中。因此，本工作的正式实验均在无甲醇溶液中进行。甲醇的去除过程如下：在温和的氮气流下，首先将 0.1 mL 的储备溶液蒸发至干，然后加入 40 mL 超纯水，超声溶解。

本研究均使用 HCl 和 NaOH 溶液对反应溶液的初始 pH 值进行调节，pH 值被分别设定为 3.0、5.0、7.0、9.0 和 11.0。利用阳离子（K$^+$、Na$^+$、Fe^{3+}、Cu^{2+}、Mg^{2+} 和 Ca^{2+}，以氯化物盐的形式）和阴离子（Cl$^-$、SO$_4^{2-}$、CO$_3^{2-}$、HCO$_3^-$ 和 NO$_3^-$，以钠盐的形式）进行常见的无机离子对 2H,2H,3H,3H-PFCAs 光降解的影响实验，除了 Cu^{2+} 的浓度为 10 μmol/L，以及 Fe^{3+} 的浓度为 20 μmol/L

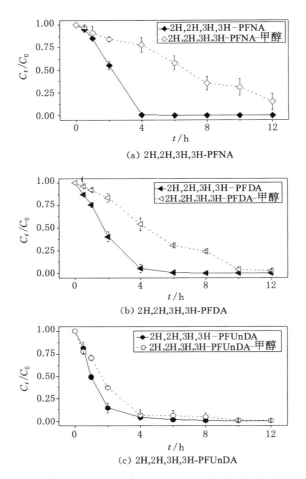

图 4-2 体积分数 0.25% 的甲醇对几种化学试剂光降解的影响

外,其余无机离子的浓度均为 5 mmol/L。同时,我们也进行了腐殖酸(HA)的影响实验,使用的浓度分别为 1.0 mg/L 和 10.0 mg/L。汞灯照射的时间分别为 0 h、0.5 h、1 h、2 h、4 h、6 h、8 h、10 h 和 12 h,每次从石英管中取样 0.6 mL。所有实验均重复 3 次。

在相同的实验步骤和相同实验条件下,我们对 4 种类型真实水体中 2H,2H,3H,3H-PFCAs 的光降解也进行了探索。自来水来自南京大学的自来水管,九乡河水取自南京大学仙林校区旁边的九乡河。一级出水和二级出水均来自郑州的五龙口污水处理厂。上述所有的水体在使用前,均使用水相 0.45 μm 玻璃纤维膜(GF/F,英国)进行过滤。上述水体的主要水质参数均列于

表 4-1 中。

表 4-1 自然水体的各种基本水质参数

参数	单位	自来水	九乡河水	初级出水	二级出水
pH	—	7.11	7.43	7.46	7.79
TOC	10^{-6}	3.15	19.98	18.43	22.08
Cl^-	10^{-6}	14.27	29.01	86.42	98.17
NO_3^-	10^{-6}	9.61	58.93	56.73	52.76
CO_3^{2-}	10^{-6}	ND	ND	ND	ND
HCO_3^-	10^{-6}	ND	ND	ND	ND
SO_4^{2-}	10^{-6}	38.58	144.19	221.62	139.28
Na	10^{-6}	4.79	8.10	58.13	60.40
Mg	10^{-6}	5.14	7.60	15.90	17.44
Al	10^{-9}	41.40	39.53	30.16	77.38
P	10^{-6}	0.09	0.29	1.59	0.31
K	10^{-6}	2.44	4.67	11.95	11.52
Ca	10^{-6}	3.04	6.29	5.50	4.91
Mn	10^{-9}	4.22	11.19	39.72	18.52
Fe	10^{-9}	67.48	174.37	94.653	68.82
Co	10^{-9}	0.19	1.14	0.37	0.56
Ni	10^{-9}	1.15	2.04	10.06	23.10
Cu	10^{-9}	6.76	123.41	8.76	10.10
Zn	10^{-9}	39.67	40.19	13.31	49.37
Sr	10^{-9}	214.35	405.75	595.46	594.81
Ba	10^{-9}	56.09	66.67	41.33	61.39

注：TOC 的数据来自于 TOC 分析仪（Elementar，德国）。各种离子的浓度分别使用离子色谱 ICS 5000（Dionex，美国）和电感耦合等离子体质谱仪（NexION 300x，美国）测定。ND 代表没有检测到。

4.2.3 分析方法

2H,2H,3H,3H-PFCAs 的浓度均使用 Agilent 1260 高效液相色谱（HPLC）和 API 4000 三重四极杆质谱（AB Sciex，加拿大）联用仪检测。采用多反应检测（MRM）方法在负电喷雾电离模式下测定，分离柱为 Thermo Hypersil BDS C18 柱（2.1 mm×100 mm，粒径 2.4 μm）。液相色谱条件如下：柱温为 30 ℃，流动相为 0.3%甲酸水（A 相）和 100%甲醇（B 相），流速为 200 μL/min。

梯度洗脱程序为:90% A 保持 2 min,在 0.5 min 内降至 5% A,保持 7 min,然后在 0.5 min 内返回到 90% A,平衡 6 min。质谱参数如下:离子喷雾电压为 −3.5 kV,毛细管电压 1.0 kV,源温度为 550 ℃,去溶剂化温度为 350 ℃,碰撞气体为 7 psi,气帘气体为 20 psi,离子源气体 1 为 55 psi,离子源气体 2 为 55 psi。测定过程中使用的气体均为氮气。优化后,每种分析物的去簇电压(DP)、入口电压(EP)、碰撞能量(CE)和电池出口电压(CXP)如表 4-2 所列。所有检测物质均使用两种产物离子进行定性,最终选择具有较高响应的产物离子进行定量。2H,2H,3H,3H-PFCAs 的液相色谱图如图 4-3 所示。

表 4-2　API 4000 检测 2H,2H,3H,3H-PFCAs 的质谱碎片以及相关参数

2H,2H,3H,3H-PFCAs	离子对/Da	R_t/min	DP/V	EP/V	CE/V	CXP/V
2H,2H,3H,3H-PFNA	**391.1/306.9**	7.13	−47.80	−10.00	−12.10	−15.00
	391.1/286.8	7.13	−47.80	−10.00	−17.99	−15.00
2H,2H,3H,3H-PFDA	**440.9/356.8**	7.28	−45.03	−10.00	−12.29	−15.00
	440.9/336.8	7.28	−53.49	−10.00	−17.63	−15.00
2H,2H,3H,3H-PFUnDA	**491.1/387.0**	7.44	−56.20	−10.00	−18.22	−15.00
	491.1/62.8	7.44	−59.02	−10.00	−35.89	−15.00

注:表中黑体的母离子/子离子对为最终定量离子。

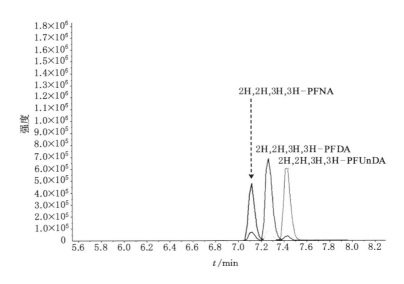

图 4-3　API 4000 分析时 2H,2H,3H,3H-PFCAs 色谱分离图

第4章 四氢取代全氟羧酸的光降解动力学和机理研究

为了方便定量,在天然水体中反应后的 2H,2H,3H,3H-PFCAs 溶液按照以下步骤纯化:首先,将 5 mL 反应后的溶液注入 Guard H 柱(CNW,安谱,上海)中以去除阳离子;然后,使用 IC Guard RP 色谱柱(CNW,安谱,上海)对 2H,2H,3H,3H-PFCAs 进行截留;最后,用 3 mL 甲醇进行洗脱,制样分析。

使用 Agilent 1260 高效液相色谱联用高分辨率飞行时间质谱仪(LC-TOF 5600-MS,AB Sciex,加拿大)鉴定极性降解产物。具体的分析条件如下所示:液相流动相为 0.3% 甲酸水(A 相)和 100% 甲醇(B 相),洗脱速度为 0.2 mL/min。分离柱为 Thermo BDS Hypersil C18 柱(100×2.1 mm,粒径 2.4 μm)。液相梯度洗脱程序为:$B = 10\%$(0~4 min),60%(4.5~7.5 min),80%(8~11 min),90%(11.5~15 min),100%(15.5~25 min)和 10%(25.5~35 min)。流动相比例的变化均在 0.5 min 内完成。采用负电喷雾电离模式(ESI)进行质谱分析。全扫描条件为:离子喷射电压-4 500 V,源温度为 550 ℃,气体 1 压力为 55 psi,气体 2 压力为 55 psi,气帘气体压力为 35 psi,去簇电压(DP)为-80 V,碰撞能量(CE)为-10 V,质荷比(m/z)扫描范围为 70~1 000 amu。此外,通过二级质谱进行产物离子扫描(MS2),得到各产物的碎片信息进行结构解析。MS2 扫描的源/气参数设置与全扫描完全相同。

弱极性降解产物使用 GC-ISQ-MS(Thermo,美国)进行分析,分离柱为 DB-5MS 熔融石英毛细管柱(30 m×0.25 mm×0.25 μm,J&W Scientific,加拿大)。同时采用电子轰击电离源(EI)和化学电离源(CI)测定,在这两种模式下,源温度、进样口温度和传输线温度分别为 240 ℃、250 ℃ 和 280 ℃。气相色谱条件如下:初始柱温箱温度为 40 ℃ 并保持 1 min,以 3 ℃/min 升至 200 ℃ 并保持 3 min,然后以 20 ℃/min 升至 280 ℃ 并保持 3 min。EI 和 CI 模式下氦气流速均为 0.8 mL/min,CI 模式下的甲烷气流速为 1.5 mL/min。使用固相微萃取(SPME)方法在顶空模式下提取产物[192],样品的进样方式为手动进样。使用 PDMS-DVB 纤维萃取头(65 μm),在 80 ℃、1 000 r/min 条件下萃取 60 min,然后在 GC 进样口于 250 ℃ 热解吸 15 min。每次进样前后,萃取头都在 GC 进样口于 250 ℃ 烘烤 20 min。

氟离子浓度和总有机碳(TOC)的浓度分别使用 ICS-5000 离子色谱仪(美国 Dionex)和 TOC 分析仪(Liqui Analyzer,Elementar,德国)测定。

4.2.4 毒性评估

通过 ECOSAR 程序(v1.11,2012 年 6 月)计算中间产物对三种常见水生物种(包括绿藻、水蚤和鱼类)的毒性。该软件由美国环境保护署(EPA)开发并用于常规毒性评估[180]。

4.3 结果与讨论

4.3.1 2H,2H,3H,3H-PFCAs 的光降解动力学

如图 4-4 至图 4-7 所示,2H,2H,3H,3H-PFCAs 在黑暗条件(无光照)中没有明显的降解(图 4-4)。相比之下,当在汞灯照射条件下时,2H,2H,3H,3H-PFCAs 在 6 h 内几乎能够完全降解(图 4-5)。根据 $\ln(C_t/C_0)$ 和 t 之间的线性拟合(C_0 为 2H,2H,3H,3H-PFCAs 的初始浓度,C_t 为任何采样时间的浓度)结果,所有 2H,2H,3H,3H-PFCAs 的光降解都很好地符合假一级反应动力学。通过计算发现,2H,2H,3H,3H-PFNA,2H,2H,3H,3H-PFDA 和 2H,2H,3H,3H-PFUnDA 的反应速率常数(k)分别为 $(0.498\ 4\pm0.069\ 3)$ h^{-1}、$(0.653\ 1\pm0.072\ 2)$ h^{-1} 和 $(0.810\ 0\pm0.061\ 8)$ h^{-1}(详细结果列在图 4-8 和表 4-3 中)。从以上数据可以明地显出,2H,2H,3H,3H-PFCAs 的光降解速率常数随着碳链长度的增加而增加。对于 PFCAs,研究者也观察到类似的实验现象。例如,Niu 等[72]发现,掺杂 Ce 的改性多孔纳米晶体 PbO_2 薄膜电极对 PFCAs(C4~C8)的电化学矿化符合拟一级动力学,并且 k 值与碳链长度呈现明显的相关性。

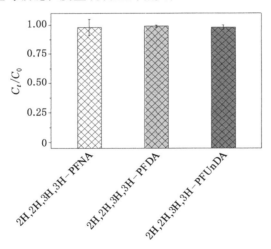

图 4-4 2H,2H,3H,3H-PFCAs 在黑暗条件下 12 h 的去除效果

光反应过程中污染物的 TOC 浓度和氟离子浓度变化被测量,并以此来确定本实验方法对 2H,2H,3H,3H-PFCAs 的矿化度和脱氟效率。如图 4-6 所示,反应过程中矿化程度的进展比化合物的降解慢得多。汞灯照射 12 h 后,2H,2H,3H,3H-PFNA,2H,2H,3H,3H-PFDA,2H,2H,3H,3H-PFUnDA 的

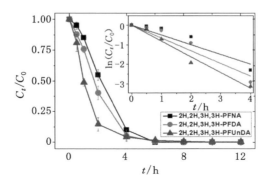

图 4-5 汞灯照射下 2H,2H,3H,3H-PFCAs 的去除效果

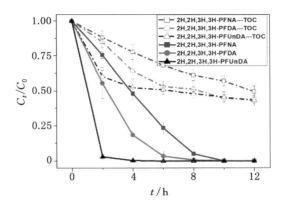

图 4-6 2H,2H,3H,3H-PFCAs 的去除效率与相对应的 TOC 变化对比

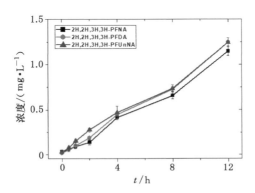

图 4-7 2H,2H,3H,3H-PFCAs 在汞灯照射期间氟离子浓度的变化

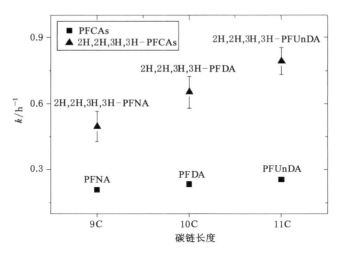

图 4-8 相同反应条件下 2H,2H,3H,3H-PFCAs 和 PFCAs 的光降解反应速率值对比

TOC 去除率分别为 50.8%,56.3% 和 57.3%。Xu 等[181]的研究认为,矿化度低可能是由于溶液中生成了更稳定的中间体造成的。图 4-7 表明,氟离子的浓度随着反应时间的增加而增加。在反应结束时,2H,2H,3H,3H-PFNA,2H,2H,3H,3H-PFDA,2H,2H,3H,3H-PFUnDA 的脱氟率(形成的氟离子摩尔浓度/初始 2H,2H,3H,3H-PFCAs 中氟含量的摩尔浓度)分别为 23.3%,22.0% 和 19.3%。该结果表明,2H,2H,3H,3H-PFCAs 中的氟没有完全转化为氟离子,也从侧面证实了光降解不能起到完全的矿化作用。

表 4-3 API 4000 检测 2H,2H,3H,3H-PFCAs 光降解的假一级动力学拟合方程和 R^2 值

化合物	拟合方程	R^2
2H,2H,3H,3H-PFNA	$Y=-0.4984x$	0.9102
2H,2H,3H,3H-PFDA	$Y=-0.6531x$	0.9418
2H,2H,3H,3H-PFUnDA	$Y=-0.8100x$	0.9870

4.3.2 与 PFCAs 的对比

如图 4-9 所示,我们比较了相同的实验条件下 2H,2H,3H,3H-PFCAs 与同碳链长度的 PFCAs 的光化学降解动力学。分析该图发现,2H,2H,3H,3H-PFCAs 和相应的 PFCAs 的光降解速率系数均随碳链长度的增加而增加。在先前的研究中,发现 PFCAs 和 H-PFCAs 的化学结构会对它们的光反应活性产生很大的影

第4章 四氢取代全氟羧酸的光降解动力学和机理研究

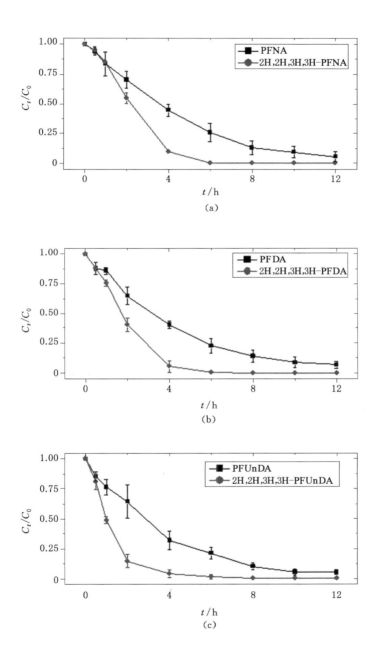

图 4-9 相同反应条件下 2H,2H,3H,3H-PFCAs 和 PFCAs 的光降解动力学对比

响[179],尤其是 PFCAs 的光降解速率常数与键解离能(D_{C-C})和 LUMO 与 HOMO 轨道的能量差($E_{LUMO}-E_{HOMO}$)呈负相关关系,与键长(L_{C-C})呈正相关关系。

2H,2H,3H,3H-PFCAs 的光解速率常数明显大于相应的 PFCAs(图 4-8)。例如,2H,2H,3H,3H-PFUnDA 的 k 值(0.810 0 h^{-1})是 PFUnDA 的(0.256 3 h^{-1})3.1 倍。Hori 等[154]的研究表明,有氢取代的 PFCAs 比 PFCAs 更容易分解,因为前者具有碳氢键[154]。

4.3.3 2H,2H,3H,3H-PFCAs 光降解的影响因素研究

4.3.3.1 pH 值的影响

本实验选择 2H,2H,3H,3H-PFUnDA 作为代表来探讨 pH 值对 2H,2H,3H,3H-PFCAs 光降解的影响。如图 4-10 所示,2H,2H,3H,3H-PFUnDA 在 pH 值为 3.0、5.0、7.0、9.0 和 11.0 下的 k 值分别为 1.492 9 h^{-1}、0.822 0 h^{-1}、0.655 8 h^{-1}、0.378 1 h^{-1} 和 0.149 1 h^{-1}。

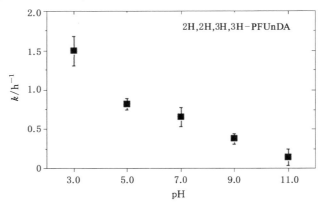

图 4-10 不同 pH 值条件下 2H,2H,3H,3H-PFCAs 的光降解速率

显然,初始溶液 pH 值降低会提高 2H,2H,3H,3H-PFUnDA 的光降解速率。Lee 等[97]的研究表明,在微波诱导的过硫酸盐体系中,PFOA 的最高降解效率发生在 pH=2.5 时;而在 pH=10.5 时,则未见降解或降解很弱。Chen 等[160]的研究指出,在 23 W 低压汞灯下,PFOA 的降解速率在 pH=4.0 时很快,其次在 pH=7.0、pH=10.0 最弱。Huang 等[182]发现,在光催化体系下,当反应体系的 pH 值从 3.0 升高到 9.0,PFOA 的脱氟率则从 49.4% 降低到 22.9%。我们之前的究研表明,在热和光诱导下,低 pH 值条件下 PFCAs 更容易降解[183]。

4.3.2.2 HA 的影响

作为自然水体中溶解有机物的主要成分,HA 可以通过筛选光的反应波长

第 4 章　四氢取代全氟羧酸的光降解动力学和机理研究

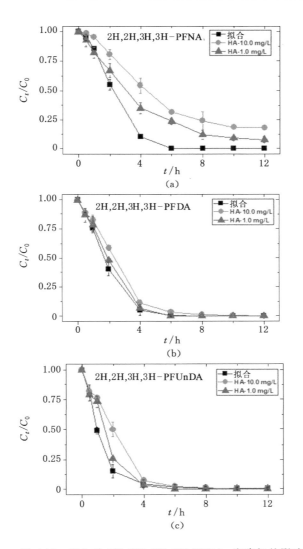

图 4-11　HA 对 2H,2H,3H,3H-PFCAs 光降解的影响

并与光生反应性自由基发生反应来影响有机污染物的光降解[184]。Walse 等[185]认为,HA 可以通过筛选光的反应波长来抑制污染物的光降解。考虑到 HA 在天然水中普遍存在,我们进行了 HA 对 2H,2H,3H,3H-PFCAs 光降解的影响研究。

如图 4-14 所示,无论高浓度还是低浓度,HA 对 2H,2H,3H,3H-PFCAs 的光降解均表现出了明显的抑制作用,且高浓度 HA(10.0 mg/L)表现出更明显

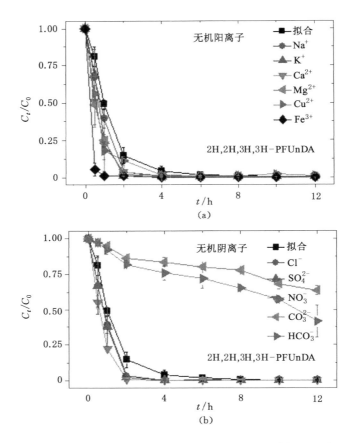

图 4-12 无机离子对 2H,2H,3H,3H-PFCAs 光降解的影响

的抑制作用。这归因于竞争性光吸收(图 4-15),活性氧(ROS)清除效应和 HA 的化学稳定作用[160,171]。其他研究者也发现,HA 还对雌三醇[186]、阿替洛尔[162-166] 和 PFCAs 的光分解产生抑制作用。

4.3.2.3 无机离子的影响

无机离子,包括阳离子和阴离子,均广泛存在于天然水体中,我们评估了它们对 2H,2H,3H,3H-PFUnDA 光降解的影响。如图 4-12 所示,Fe^{3+} 对 2H, 2H,3H,3H-PFUnDA 的降解有明显的加速作用,而其他阳离子(K^+、Na^+、Mg^{2+}、Ca^{2+} 和 Cu^{2+})则对它的光降解没有显著影响。Cheng 等[148]的研究表明,在 VUV 照射下,添加 Fe^{3+} 会增强 PFOA 的脱氟作用。Wang 等[174]则表示添加 50 μmol/L 的铁离子可提高 PFOA 的光化学降解,并在 4 h 内去除了约 78.9% 的 PFOA(初始浓度:48 μmol/L)。铁离子对 PFOA 降解的促进作用归

第 4 章 四氢取代全氟羧酸的光降解动力学和机理研究

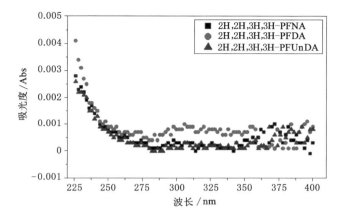

图 4-13 纯 2H,2H,3H,3H-PFCAs 溶液的紫外吸收光谱

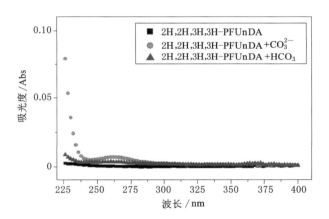

图 4-14 纯 2H,2H,3H,3H-PFCAs 溶液添加无机离子的紫外吸收光谱

因于 Fe^{3+} 可与 PFOA 形成络合物,所以该络合物对紫外线具有明显的光化学活性。Fe^{3+} 的加速机制如下所示[148,174]:

$$C_7F_{15}COO^- + Fe^{3+} \longrightarrow [C_7F_{15}COO-Fe]^{2+} \tag{5-1}$$

$$[C_7F_{15}COO-Fe]^{2+} + h\nu \longrightarrow [C_7F_{15}COO\cdot] + Fe^{2+} \tag{5-2}$$

$$C_7F_{15}COO\cdot + 3H_2O \longrightarrow C_6F_{13}COOH + HCOOH + 2F^- + 2H + \cdot OH \tag{5-3}$$

$$Fe^{2+} + O_2 \longrightarrow Fe^{3+} + O_2^- \cdot \tag{5-4}$$

$$Fe^{2+} + \cdot OH \longrightarrow Fe^{3+} + OH^- \tag{5-5}$$

同样,其他研究者发现 Fe^{3+} 也可以增强结晶紫和阿替洛尔的光降解

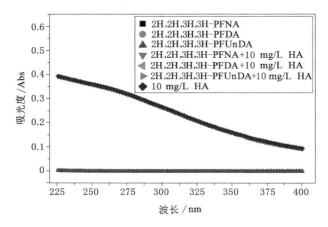

图 4-15 纯 2H,2H,3H,3H-PFCAs 溶液添加 HA 的紫外吸收光谱

效率[162,167-168]。

添加 Cl^-、SO_4^{2-} 和 NO_3^- 对 2H,2H,3H,3H-PFUnDA 的光降解没有明显影响,而添加 CO_3^{2-} 和 HCO_3^- 则引起明显抑制,但 CO_3^{2-} 的抑制作用比 HCO_3^- 更明显。众所周知,光照强度在有机污染物的光降解中起着至关重要的作用。如图 4-14 所示,CO_3^{2-} 和 HCO_3^- 在紫外区域都有明显的吸收,尤其是 CO_3^{2-}。CO_3^{2-} 和 HCO_3^- 的高紫外线吸收将降低可用于样品辐照的光强度,从而导致 2H,2H,3H,3H-PFUnDA 的去除效率降低。但是,由图 4-1 可知,汞灯在小于 225 nm 的波长段几乎不发光。因此,我们对反应溶液的 pH 值进行了测量,发现在 5 mmol/L CO_3^{2-} 和 HCO_3^- 存在下,2H,2H,3H,3H-PFUnDA 溶液的初始 pH 值分别为 11.1±0.1 和 9.6±0.1。结合 4.3.2.1 节内容,我们认为,CO_3^{2-} 的较强抑制作用归因于紫外线吸收和较高溶液 pH 值的共同作用。Li 等[162]发现了类似的实验现象,即结晶紫的光降解速率随 HCO_3^- 浓度的增加而降低。

4.3.2.3 不同天然水体中 2H,2H,3H,3H-PFCAs 的光降解

研究天然水体中有机污染物的光降解具有非常重要的现实意义。因此,我们在不同的自然水体中进行了 2H,2H,3H,3H-PFCAs 的光降解实验。如图 4-16 所示,与超纯水相比,在 4 种类型的天然水中,2H,2H,3H,3H-PFCAs 的光解均有所降低。2H,2H,3H,3H-PFCAs 的光降解去除效率顺序为:超纯水(UW)>自来水(TW)>九乡河水(JXR)>二级出水(SE)>一级出水(PE)。汞灯照射 6 h 后,污水进水中 2H,2H,3H,3H-PFNA、2H,2H,3H,3H-PFDA 和 2H,2H,3H,3H-PFUnDA 的去除率分别为 33.3%、21.7% 和 18.7%。根据以上讨论,这四种天然水中的高 TOC 浓度和无机离子浓度可能是造成这种抑制作用的主要原因(表 4-1)。因此,要完全除去天然水中的 2H,2H,3H,3H-PFCAs,需要更强的光强度或更长的照射时间。

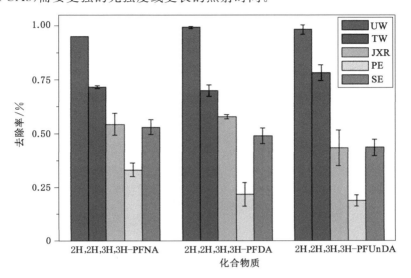

图 4-16 不同天然水体中汞灯照射 6 h 后 2H,2H,3H,3H-PFCAs 的光降解效率

4.3.3 产物鉴定和反应机理

本工作利用 LC-TOF-MS 进行极性产物鉴定。图 4-17 展示了 2H,2H,3H,3H-PFUnDA 溶液在不同反应时间下的总离子流色谱图(TIC)。

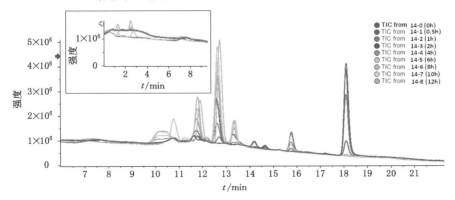

图 4-17 不同反应时间后 2H,2H,3H,3H-PFUnDA 的 LC-TOF-MS 色谱图

从初始样品(0 h)的 LC-TOF-MS 色谱图可以看出,2H,2H,3H,

3H-PFUnDA 的物质峰出现在 18.1 min 处。随着反应的进行,该底物峰逐渐消失,并且观察到一些明显的新峰。因此,在汞灯照射下,2H,2H,3H,3H-PFUnDA 光降解产生了一系列反应产物。可能的产物离子碎片光谱和可能结构如图 4-18 和图 4-19 所示。实验和理论质量数之间的误差均小于 1×10^{-6}(表 4-4)。SPME-GC-ISQ-MS 系统用于鉴定弱极性产物。EI 和 CI 模式下的弱极性反应中间体的质谱图和提取的离子色谱图(XIC)也列在图 4-18 至图 4-23 中。

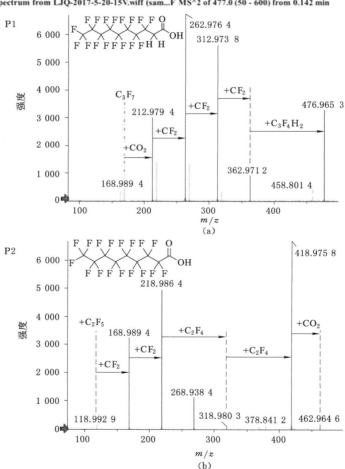

图 4-18 由 LC-TOF-MS 鉴定的 2H,2H,3H,3H-PFUnDA 反应中间产物 P1~P8 的质谱碎片图

第 4 章 四氢取代全氟羧酸的光降解动力学和机理研究

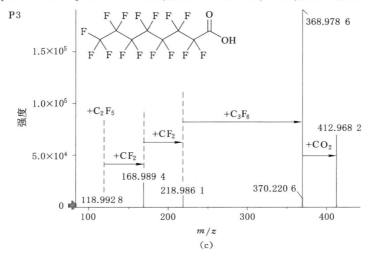

(c)

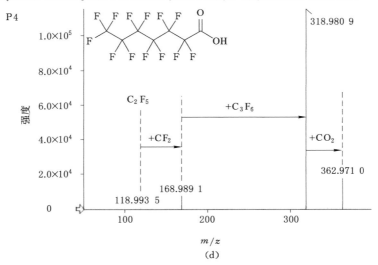

(d)

图 4-18 （续）

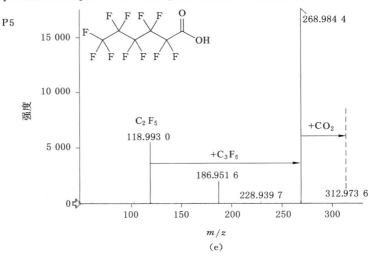

(e)

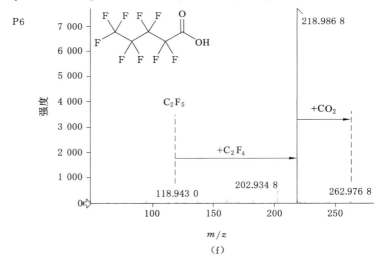

(f)

图 4-18 （续）

第 4 章 四氢取代全氟羧酸的光降解动力学和机理研究

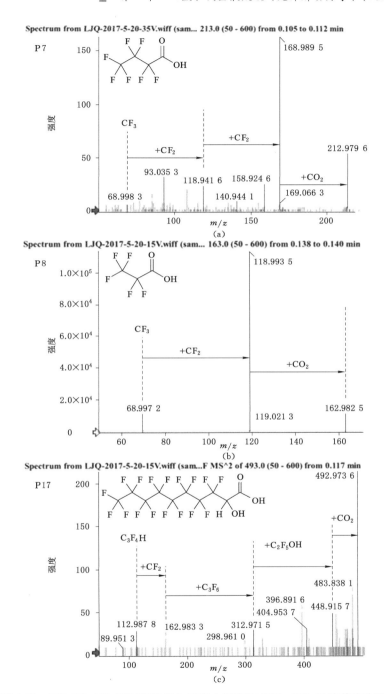

图 4-19 2H,2H,3H,3H-PFUnDA 反应中间产物 P17~P19 的质谱碎片图

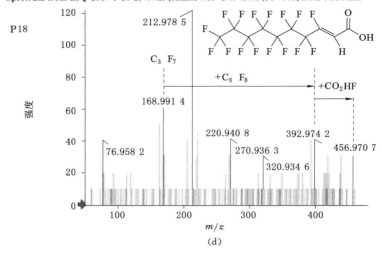

(d)

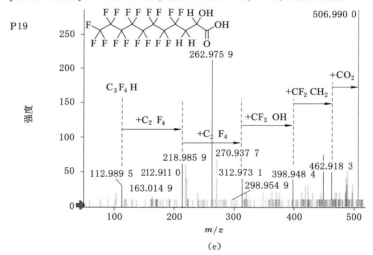

(e)

图 4-19 (续)

第 4 章 四氢取代全氟羧酸的光降解动力学和机理研究

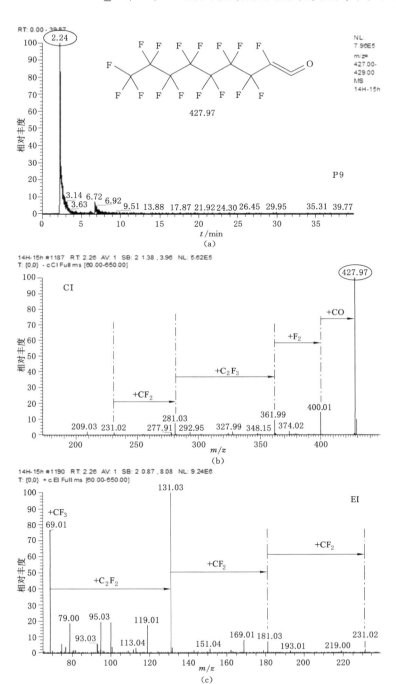

图 4-20 2H,2H,3H,3H-PFUnDA 反应中间产物（P9 和 P10）的离子流和质谱碎片图

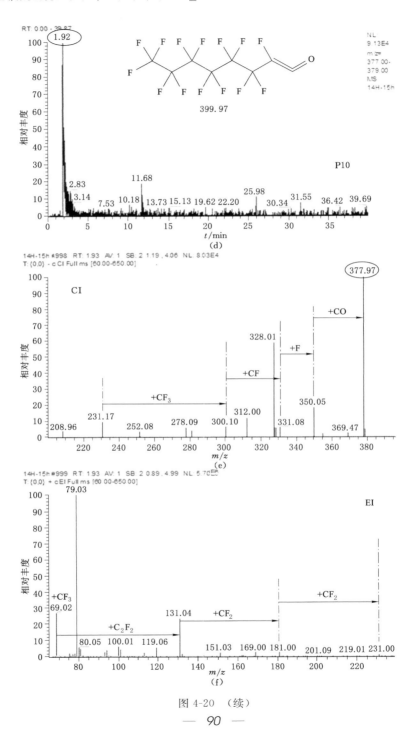

图 4-20 （续）

第 4 章 四氢取代全氟羧酸的光降解动力学和机理研究

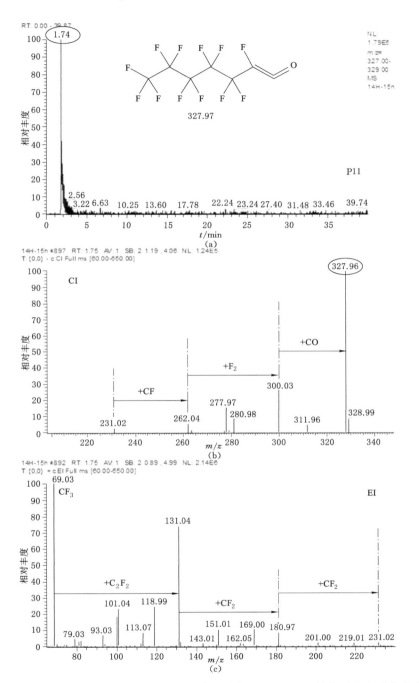

图 4-21 2H,2H,3H,3H-PFUnDA 反应中间产物(P11 和 P12)的离子流和质谱碎片图

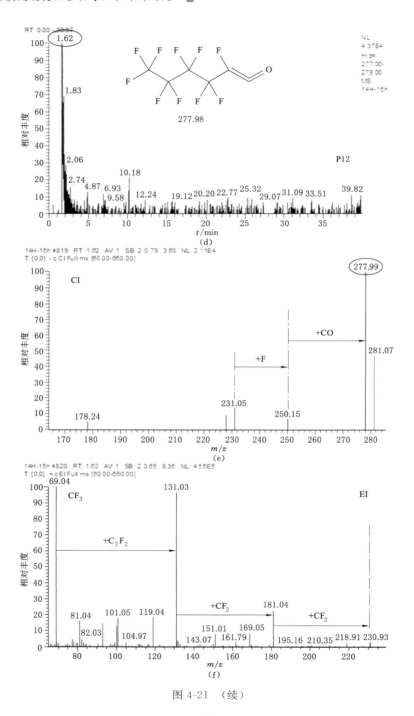

图 4-21 （续）

第4章 四氢取代全氟羧酸的光降解动力学和机理研究

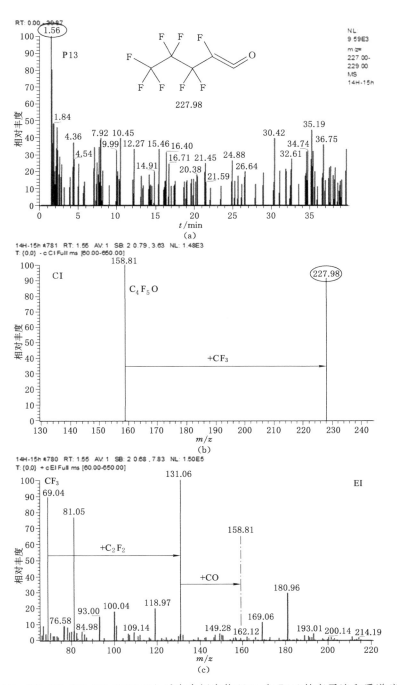

图 4-22 2H,2H,3H,3H-PFUnDA 反应中间产物（P13 和 P14）的离子流和质谱碎片图

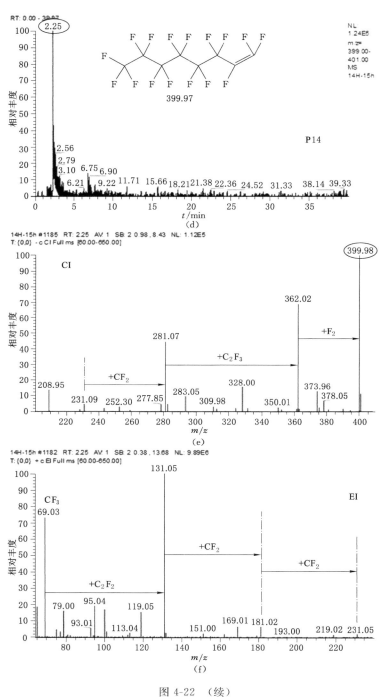

图 4-22 （续）

第 4 章 四氢取代全氟羧酸的光降解动力学和机理研究

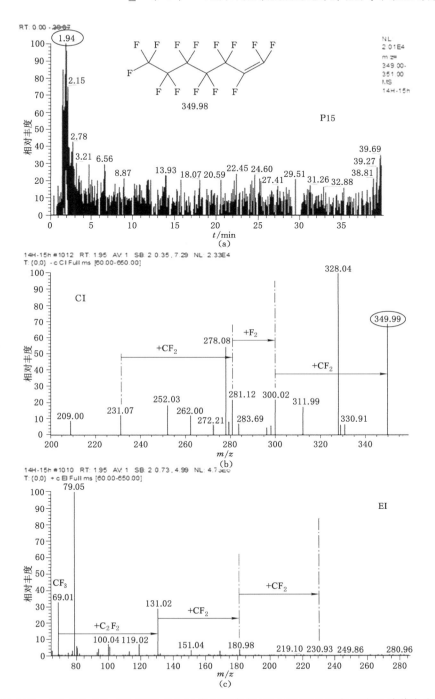

图 4-23 2H,2H,3H,3H-PFUnDA 反应中间产物(P15 和 P16)的离子流和质谱碎片图

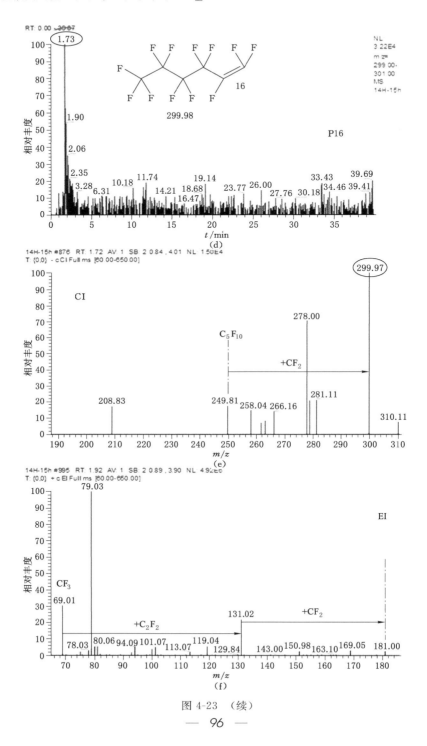

图 4-23 （续）

第4章 四氢取代全氟羧酸的光降解动力学和机理研究

根据鉴定出的中间产物,2H,2H,3H,3H-PFUnDA 的光降解反应路径被列在图 4-24 中。首先,2H,2H,3H,3H-PFUnDA 通过 α-羟基化(氢取代)转化为 P19;然后,P19 的 α-氧化作用会生成产物 P1(8∶2 FTCA,P1)。同样,P1 将经历 α-羟基化和 α-氧化,生成羟基化产物 P17,然后生成全氟壬酸(PFNA,P2)。在气相条件下,α-氧化已被证实是 FTCA 的主要生成途径[120,187]。研究发现活性污泥生物降解中 $C_5F_{11}CH_2COOH$ 是 $C_5F_{11}CH_2CH_2COOH$ 的中间产物。Washington 等[188]也在 8∶2 氟调聚物醇的生物降解实验中观察到 8∶2 FTCA 可以通过 α-氧化转化为 PFNA。如图 4-25 所示,产物 P19 在反应开始后立即被检测到,且其浓度在 0.5 h 迅速达到最大值,然后逐渐降低。这表明 P19 是 2H,2H,3H,3H-PFUnDA 光降解的主要产物。作为 P19 的反应产物,P1 在反应开始 2 小时后达到最高浓度。产物 P17 和 P2 则分别在 2 h 和 4 h 积累到最大浓度,证实了 P17 降解为 P2。

表 4-4 通过 LC-TOF-MS 鉴定的 2H,2H,3H,3H-PFUnDA 的光降解中间产物的理论和测量质量比较

化合物	保留时间/min	分子式[M+H]	m/z 计算值	m/z 理论值	误差/10^{-6}
P1	15.750	$C_9F_{17}H_2COOH$	476.978 3	476.978 6	0.63
P2	13.304	$C_8F_{17}COOH$	462.962 7	462.962 7	0.00
P3	12.584	$C_7F_{15}COOH$	412.965 9	412.965 9	0.00
P4	11.737	$C_6F_{13}COOH$	362.969 1	362.969 1	0.00
P5	10.124	$C_5F_{11}COOH$	312.972 3	312.972 3	0.00
P6	2.416	C_4F_9COOH	262.975 5	262.975 5	0.00
P7	1.175	C_3F_7COOH	212.978 7	212.978 7	0.00
P8	0.957	C_2F_5COOH	162.981 8	162.981 9	0.61
P17	14.087	$C_9F_{17}H_2OCOOH$	492.973 2	492.973 3	0.20
P18	14.171	$C_9F_{16}HCOOH$	456.972 1	456.972 1	0.00
P19	17.222	$C_{10}F_{17}H_4OCOOH$	506.988 9	506.988 9	0.00

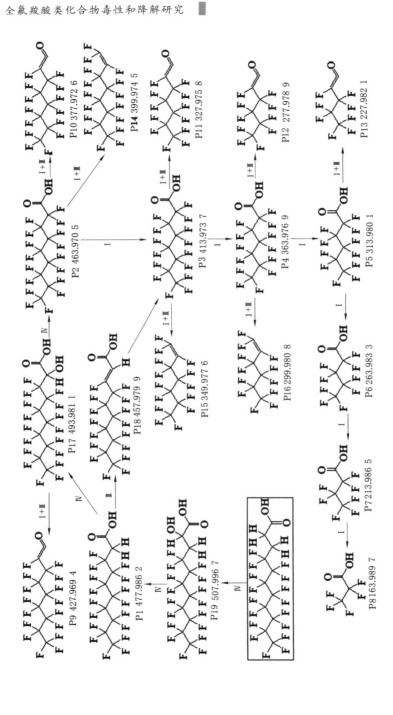

图4-24 2H,2H,3H,3H-PFUnDA可能的光解降解路径

Ⅰ—脱羧反应；Ⅱ—羟基化反应；Ⅲ—消去反应；Ⅳ—α-氧化反应。

第 4 章 四氢取代全氟羧酸的光降解动力学和机理研究

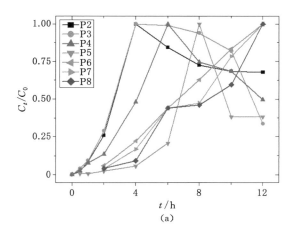

(a)

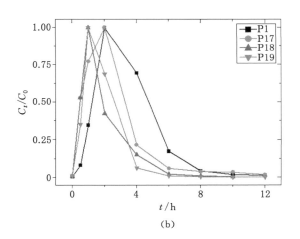

(b)

图 4-25 2H,2H,3H,3H-PFUnDA 的光降解产物在反应过程中的浓度变化

产物 P3~P8 是一系列具有不同碳链长度的 PFCAs。与真实标准样品比较,这些物质分别确定为 $C_7F_{15}COOH$,$C_6F_{13}COOH$,$C_5F_{11}COOH$,C_4F_9COOH,C_3F_7COOH 和 C_2F_5COOH。这些 PFCAs 中间产物是由 PFNA 通过逐步掉 CF_2 得到的,这一点已通过图 4-25 中的产物浓度变化图得到了证实。根据文献[171]报道可知,PFCAs 以逐步去掉 CF_2 的方式被光化学分解为碳链长度较短的 PFCAs。该反应机理通常涉及 Kolbe 脱羧,自由基反应,分子内重排和

水解[72]。

通过 LC-TOF-MS 检测到 P18 的 m/z 为 457.970 9,并将该化合物鉴定为 8∶2 不饱和氟调聚物羧酸(8∶2 FTUCA,$F_3CC_6F_{12}CF=CHCOOH$)。P18 的浓度在反应 0.5 h 后达到最大值,然后随时间下降(图 4-18),表明其会进一步转化为其他产物。Gauthier 等[189]发现,在 8∶2 含氟端粒醇(8∶2FTCA,$C_8F_{17}CH_2CH_2OH$)的水溶液光解中,主要途径是消除 HF 形成 8∶2 FTUCA,然后进行多个反应步骤形成 PFOA。Phillips 等[190]认为,从 8∶2 FTCA 到 8∶2 FTUCA 的转化既可以在生物体中发生,也可以在环境中以非生物方式发生。因此,有可能在当前反应系统中将 P1 转换为 P18,然后转换为 P3(P1→P18→P3)。

产物 P9~P16 均通过 GC-ISQ-MS 测定,EI 和 CI 模式下的色谱峰和 MS 光谱均如图 4-13 至图 4-15 所示。烯酮(P10~P13)是由 $C_{n-1}F_{2n-1}COF$(短链 PFCAs 生成的中间体)通过邻位脱氟生成的[171]。根据已有的研究[172-173]报道可知,$C=C=O$ 键是由 α-氟酰氟中 F(酰基碳和相邻碳之间)脱掉所产生的。相比之下,P9 是由七氟六氟壬醛($C_8F_{17}COH$,未显示)中的 HF 脱掉而生成的,$C_7F_{17}COH$ 是 P2 形成中的重要中间体。如前文所述[171],P14~P16 产物被鉴定为全氟-1-烯,其生成机理是脱羧后消除了氟原子。

4.3.4 毒性评估

ECOSAR 被欧洲食品安全局(EPSA,2013)认为是一种潜在的非测试毒性评估方法。当没有相应中间产物的毒性测定商业标准时,通过此程序预测其毒性非常便捷和可靠。在这项工作中,ECOSAR 程序被用于评估 2H,2H,3H,3H-PFUnDA 及其光降解中间产物对三种水生物种(如绿藻、水蚤和鱼类)的毒性。根据《全球化学品统一分类和标签制度》[181],将毒性分为四个级别。通常情况下,如果 LC_{50}(EC_{50})/ChV 值范围为:≥100.0、10.0~100.0、1.0~10.0(含)和≤1.0,则该化学药品被认为对测试物种无害、有害、有毒和剧毒。如表 4-5 所列,2H,2H,3H,3H-PFUnDA 对三种水生生物都显示出非常强的毒性,而中间产物除了 P14 和 P15 之外,其毒性均比母体化合物低。但是,P14 和 P15 是水溶性有限的弱极性中间体。可以认为,光降解是一种去除水中 2H,2H,3H,3H-PFCAs 的有效且安全的方法。

表 4-5 通过 ECOSAR 程序预测的 2H,2H,3H,3H-PFUnDA 及其中间产物的急性和慢性毒性

化合物	急性毒性/(mg·L^{-1})			慢性毒性(ChV)/(mg·L^{-1})		
	鱼 (LC$_{50}$)/96h	大型蚤 (LC$_{50}$)/48h	绿藻 (LC$_{50}$)/96h	鱼	大型蚤	绿藻
2H,2H,3H,3H-PFUnDA	0.395①	0.339	1.387②	0.063	0.104	0.918
P1	1.059②	0.868	2.947	0.160	0.235	1.748
P2	2.837	2.222	6.258	0.405	0.530	3.354
P3	10.100③	7.437	16.220	1.341	1.495	7.576
P4	35.429	24.523	41.429	4.374	4.150	16.864
P5	121.927④	79.339	103.822	13.966	11.306	36.829
P6	408.974	250.178	253.580	43.647	30.018	78.390
P7	1 322.594	760.586	597.144	131.232	76.845	160.870
P8	4 043.702	2 186.100	1 329.425	373.030	185.980	312.112
P9	1.402	1.019	2.104	0.183	0.197	0.954
P10	4.939	3.374	5.398	0.600	0.558	2.134
P11	17.098	10.980	13.608	1.932	1.508	4.688
P12	57.813	34.903	33.506	6.075	4.038	10.059
P13	189.163	107.361	79.830	18.481	10.457	20.886
P14	0.137	0.118	0.344	0.028	0.028	0.195
P15	0.477	0.360	0.875	0.065	0.078	0.433
P16	1.630	1.158	2.178	0.207	0.211	0.948
P18	2.043	1.623	4.844	0.297	0.403	2.679
P19	5.153	3.946	10.120	0.717	0.884	5.158

① 剧毒;② 有毒;③ 有害;④ 无毒。

4.4 本章小结

研究结果表明,汞灯照射可以有效地降解 2H,2H,3H,3H-PFCAs。2H, 2H,3H,3H-PFCAs 的光降解符合拟一级反应动力学,且光降解速率常数随着碳链长度的增加而增加。低 pH 值和 Fe^{3+} 的加入会加速 $C_8F_{17}CH_2CH_2COOH$ 的光降解速率,而 CO_3^{2-}、HCO_3^- 和 HA 的存在会降低光降解速率。与超纯水相

比,2H,2H,3H,3H-PFCAs 在自来水、九乡河水、一级出水和二级出水中的光诱导去除率均有所降低。质谱分析表明,$C_8F_{17}C_2H_4COOH$ 的光降解机理主要涉及脱羧、羟化、消除和 α-氧化反应。根据 ECOSAR 的预测,除两个弱极性中间体 P14 和 P15 外,反应产物的毒性均比 2H,2H,3H,3H-PFUnDA 低。本研究的结论可为水中 2H,2H,3H,3H-PFCAs 的环境转化和光化学去除提供一些有用的信息。

第 5 章
全氟辛酸在不同颗粒物表面的光降解动力学和机理

5.1 引言

PFOA 在工业和民用领域的应用已超过 60 年[191],被广泛用于制造表面活性剂、聚合物添加剂、润滑油、阻燃剂、农药和纸张涂料等[65,190]。由于 C—F 键的强稳定性(544.18 kJ/mol),PFOA 具有独特的化学、热和光化学稳定性,它的这些特性使其被广泛使用[192]。PFOA 极易溶于水,因此很容易迁移到水、土壤、沉积物、尘土、野生动物和人类等各种环境介质中[193-194]。据报道,PFOA 可通过食物链进行生物积累,并对生物产生毒害作用,如损害肝脏和免疫系统以及诱导激素效应[191-192]。PFOA 已被认为是一种疑似致癌物,并被提议列入欧洲化学品管理局的高度关注物质(SVHC)候选名单,从而限制其在全球范围内的生产和使用。

众所周知,土壤是许多持久性有机污染物(POPs)的主要汇集地[194]。在世界各地的土壤中都已检测到了浓度水平为 pg/g 级至 ng/g 级的 PFOA[195]。Rankin 等[194]测定了能代表所有大洲的 62 个位点中 PFOA 的分布,在所有样本中都发现了 PFOA,其中采自日本的一个样品表层土壤中的 PFOA 浓度最大,为 3 440 pg/g。Xiao 等[195]在从美国大都市地区采集的所有样本中都检测到了 PFOA,表层土壤中 PFOA 的中位数浓度为 8.0 ng/g。研究发现,渤海北部土壤中 PFOA 的浓度为 0.210 ng/g[196],含氟工业园区集中的辽东湾地区为 0.47 ng/g[197],江苏高科技氟化工园区为 2.24 ng/g[198],天津地区为 0.15~0.27 ng/g[199]。作为大气圈和水圈之间的纽带,土壤对于污染物在水体和陆地上的积累和转化起着重要作用。土壤颗粒可通过风、工业生产和农业活动等多种自然和人为作用悬浮在空气中,这说明土壤颗粒经常会暴露于紫外光下,从而便吸附在其表面的污染物在光照下发生某些化学反应。因此,人们需要对固体颗粒表面有机污染物的光化学转化行为引起关注。

PFOA 在环境中容易发生生物[200-201]和非生物分解[202-203]。已有研究表明,光解是水溶液中 PFOA 的一种重要的非生物转化过程,能够使其完全矿化。光解法具有能耗低、反应条件温和、半衰期相对较短和二次污染较小等独特优点,已得到了广泛的应用[85,155]。UV/Cu-TiO$_2$[157]或紫外芬顿反应体系[156]均可以有效降解 PFOA,而真空紫外(185 nm)也已被证明能够显著提高 PFOA 的降解效率[131]。PFOA 在固体颗粒上的降解转化是一个研究相对较少的领域。然而,一些研究工作已经表明固体界面对于 PFOA 的氧化和还原反应都很重要[204]。Ahn 等[205]认为,被吸附有机化合物的光解效率高度依赖于吸附剂的化学和物理性质。能量转移效应、光吸收或散射、激发态猝灭和辐射屏蔽对于固体颗粒上有机物的光降解具有重大影响[205]。因此,很有必要深入研究 PFOA 在不同固体颗粒物表面上的光降解效率及机理。

本章的研究目的如下:

(1) 得到 PFOA 在稻田土(PS)、黑土(BS)、黄土(YS)、红土(RS)、九乡河土(JXR)和 400 目石英砂(QS)上的光降解反应速率常数。

(2) 探讨 PFOA 光降解速率常数与固体理化性质(如组成、透光率)之间的关系。

(3) 阐明不同固体上 PFOA 光降解的反应产物和路径。

5.2 材料与方法

5.2.1 化学试剂

全氟辛酸(PFOA,C$_7$F$_{15}$COOH,98%)、全氟庚酸(PFHpA,C$_6$F$_{13}$COOH,98%)、全氟己酸(PFHxA,C$_5$F$_{11}$COOH,97%)、全氟戊酸(PFPeA,C$_4$F$_9$COOH,97%)、全氟丁酸(PFBA,C$_3$F$_7$COOH,98%)、全氟丙酸(PFPA,C$_2$F$_5$COOH,98%)和三氟乙酸(TFA,CF$_3$COOH,99%)均购自上海××试剂有限公司。

稻田土(PS)、黑土(BS)、黄土(YS)和红土(RS)均采集自地表下 0~20 cm 处的土壤。九乡河土(JXR)则是用不锈钢泥沙采样器从浅层沉积物中收集的。采样之后,这些土壤样品均在室温下风干,然后过 120 目筛,混合均匀后放入棕色玻璃瓶中备用。这五种土样的取样位点、物理和质构特性均列于表 5-1 中。石英砂(QS,400 目)购自南京化学试剂有限公司,该固体未经进一步处理直接使用。色谱级甲醇、甲酸和正己烷均购自德国某公司。其他实验所用药品均来自正规商业途径。

表 5-1　土壤和沉积物的采样位点和性质

土壤	城市	地点	pH	土壤质地			总有机碳/%	阳离子交换量/(mol·kg^{-1})	总氮/%	含水率/%
				沙子/%	淤泥/%	黏土/%				
PS	南京	32°9′41.83″N,118°59′07.68″E	6.48	4.76	67.50	27.74	5.34	34.41	0.22	2.20
YS	吕梁	37°25′56.57″N,110°55′32.85″E	7.12	14.10	81.14	4.76	3.55	31.19	0.06	2.48
RS	南昌	28°34′41.27″N,115°44′22.18″E	5.24	6.82	68.54	24.64	0.39	20.01	0.05	2.85
BS	绥化	46°34′36.42″N,126°57′09.12″E	6.72	4.37	84.91	10.72	7.44	41.55	0.31	3.69
JXR	南京	32°7′6.91″N,118°56′31.81″E	7.43	6.71	88.13	5.16	2.01	23.74	0.10	2.42

5.2.2　预负载 PFOA 样品的制备

不同固体上预负载 PFOA 样品的制备过程如下:首先,取 0.05 mL 浓度为 400 μmol/L 的 PFOA 甲醇溶液,加至装有 10 g 固体的 100 mL 圆底烧瓶中,再加少量甲醇直至溶液完全浸没固体,并加几颗玻璃珠防止爆沸。然后,将烧瓶置于旋转蒸发仪(上海××生化仪器厂,中国)的水浴锅中,于 65 ℃加热蒸发溶剂。最后,将得到的干燥固体样品储存在棕色瓶中,密封置于干燥器中。固体颗粒表面 PFOA 的理论浓度为 2×10^{-3} μmol/g(大约为 1.0 μg/g)。

5.2.3　实验方法

首先,准确称取 0.05 g 制备好的 PFOA/固体样品,置于 15 mL 石英管中,加入微量超纯水(QS 为 40 μL,PS 和 BS 为 90 μL,BS 为 65 μL,JXR 为 42 μL,YS 为 45 μL),均匀涂抹于试管内壁。然后,将这些管子放在烘箱中,于 120 ℃烘 4 h 去除水分。具体涂覆好的样品试管如图 5-1 所示。

光解实验在 XPA-1 光化学反应仪(南京××机电厂)中进行。光源为 500 W 汞灯,垂直放置在具有冷却循环水的石英冷阱中。将石英管放置在旋转木马装置中进行光照,石英管与灯管之间的距离为 5 cm。光照不同时间(0 h、1 h、2 h、4 h、8 h、12 h 和 24 h)后,从光化学反应仪中取出石英管,放于黑暗处终止反应。向石英管中加入 2 mL 甲醇,超声萃取 20 min,离心,上清液经

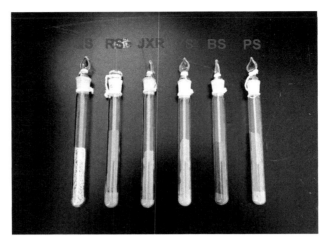

图 5-1 涂覆有不同 PFOA/固体样品的反应管图片

0.22 μm 尼龙针式过滤器(CNW,上海)过滤后进行测定。为了验证过滤器对目标化合物是否有截留,对多种浓度的 PFOA 标准溶液通过过滤器前后进行了比较,发现过滤器的回收率为(98.37±10)%。所有样品均设置三个平行。

5.2.4 分析方法

采用 API 4000 三重四极杆质谱(AB Sciex,Concord,ON,Canada)联用仪测定 PFOA 的浓度。采用高分辨率飞行时间质谱仪(LC-TOF 5600-MS,AB Sciex,加拿大)鉴定极性降解产物。采用 Thermo ISQ 四极杆气相色谱-质谱联用仪(GC-ISQ-MS,Thermo,Austin,USA)鉴定弱极性降解产物,具体方法详见第 2 章。在进行定量分析之前,所有样品均通过 SPE C18 色谱柱(CNW,上海安谱)纯化。所有的气相质谱样品均按照与本书第 5.2.3 节所述相同的步骤进行萃取,只是所用溶剂为正己烷。

5.3 结果与讨论

5.3.1 不同固体颗粒表面 PFOA 的光降解

对所研究的固体颗粒,黑暗对照组在 24 h 内都没有观察到 PFOA 的明显降解。在紫外光照射下,PFOA 在所有固体颗粒表面均发生降解,且其降解遵循假一级反应动力学(图 5-2)。PFOA 降解的假一级速率常数(k)与固体基质相关,PS 的为 0.041 4 h^{-1},BS 的为 0.062 7 h^{-1},YS 的为 0.087 9 h^{-1},JXR

第 5 章 全氟辛酸在不同颗粒物表面的光降解动力学和机理

的为 0.091 5 h^{-1}，RS 的为 0.128 0 h^{-1}，QS 的为 0.162 4 h^{-1}。具体拟合参数等列在表 5-2 中。

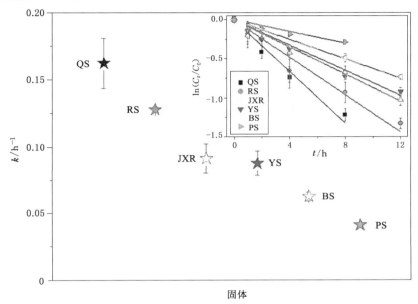

图 5-2　不同固体颗粒上的 PFOA 光降解假一级反应速率常数

表 5-2　PFOA 在不同固体颗粒上光降解的假一级降解常数

土壤颗粒	拟合时间段	k/h^{-1}	R^2
QS	0～8 h	−0.162 4	0.97
RS	0～12 h	−0.128 0	0.98
JXR	0～12 h	−0.091 5	0.98
YS	0～12 h	−0.087 9	0.98
BS	0～12 h	−0.062 7	0.94
PS	0～8 h	−0.041 4	0.94

PFOA 在 QS 颗粒表面有明显的降解，经紫外光照射 24 h 后去除率为 79.9%。然而，在相同的光照条件下，PFOA 在 QS 颗粒上的去除率明显低于水溶液中的去除率。研究结果表明，PFOA 在超纯水中的光降解速率常数为 0.358 2 h^{-1}[171]，是在 QS 固体颗粒上降解速率常数的 2 倍多。这可能是由于固体颗粒物的遮光效应造成的。Romanias 等[206]发现吸附剂会影响其所吸附化合物的光学性质。如表 5-3 所列，固体基质的透光率顺序为：QS(24.5%)＞BS

(12.6%)＞YS(10.6%)＞JXR(8.4%)＞PS(4.4%)＞RS(1.7%)。QS 较高的透光性可部分解释 PFOA 在 QS 颗粒上的较快降解。已有研究表明，较高的透光性会导致水溶液中负载在硅胶表面的 BDE-209 发生更快速的降解[180]。显然，5 种土壤颗粒的光透过率大小与 PFOA 的光降解效率顺序不一致，说明透光性并不是影响固体颗粒上 PFOA 光解的唯一因素。

表 5-3 不同固体的透光率

固体	光强/(10^2 W·cm^{-2})	透光率/%
QS	30.4	24.5
RS	2.1	1.7
JXR	10.4	8.4
YS	13.2	10.6
BS	15.6	12.6
PS	5.5	4.4
无涂覆	124.1	100.0

已有研究表明，有机污染物的光降解效率与土壤组分密切相关[207]。因此，我们在这项工作中研究了光解反应速率与固体颗粒组成及性质之间的关系。我们测定了不同土壤颗粒的有机碳浓度（表 5-1），发现有机碳浓度与相应的 PFOA 光降解速率常数之间呈负相关关系。其他研究也观察到类似的结果。例如，Lagalante 等[208]发现天然土壤中的有机碳可以与平面的有机化合物非共价结合，由此产生的化学键稳定效应和紫外光屏蔽效应会延长有机物的半衰期。实验室研究表明，有机质浓度高的土壤中，BDE-209 的降解速率会降低[207]。虽然 BS 的有机碳浓度高于 PS，但是这两种土壤颗粒上的 PFOA 光降解常数很接近，这是由于当有机质浓度达到某一特定值时，抑制作用会达到饱和状态。

采用 Malvern Mastersizer-3000 光散射系统（Malvern Instruments Ltd.，英国）测量了这六种固体基质的粒度分布。作为补充证据，用扫描电子显微镜（SEM，Quanta 250 FEG，美国）表征了这 6 种固体基质的形貌，SEM 图列于图 5-3 中。由图 5-4 可以看出，这些固体颗粒的粒径主要分布在 1～100 μm，其中体积占比最大的颗粒粒径大小排序为：PS＞BS＞YS＞JXR＞RS＞QS。因此，颗粒大小与 PFOA 的降解效率呈负相关。即粒径越大，PFOA 的光降解速率越慢。Dunne 等[209]认为，固体颗粒的大小会影响其降解行为。颗粒大小对

第 5 章 全氟辛酸在不同颗粒物表面的光降解动力学和机理

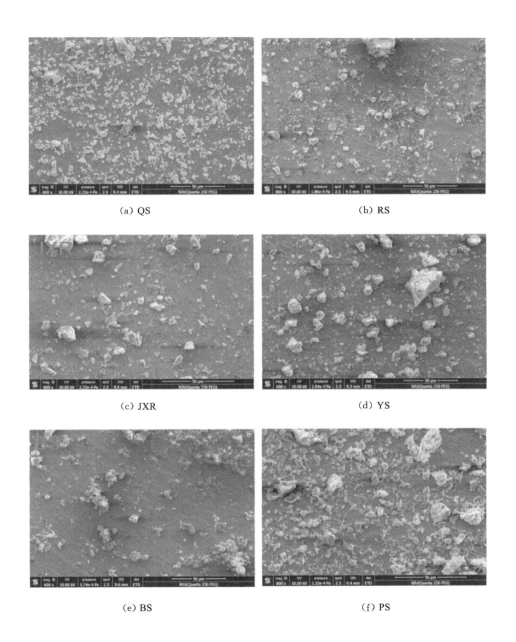

(a) QS (b) RS (c) JXR (d) YS (e) BS (f) PS

图 5-3 6 种固体颗粒的 SEM 图

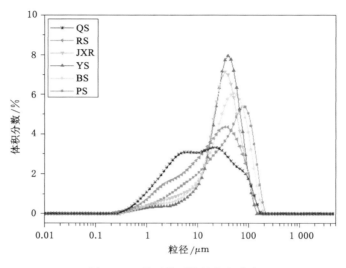

图 5-4　6 种固体颗粒的粒径分布

降解的影响可归因于在较小颗粒中,形成的降解产物容易扩散到颗粒表面,而在较大颗粒中,降解产物到达颗粒表面的路径较长。此外,尺寸较小的固体颗粒通常具有较大的比表面积,这可以提供更多的反应位点,从而导致 PFOA 的去除速度更快[210]。

按照国家标准（NY/T 1121.15-2006）,采用紫外-可见分光光度计（TU-1810,北京××仪器有限公司)测定了土壤中的硅浓度,包括总硅浓度和有效硅浓度,该结果列于表 5-4 中。QS、RS、JXR、YS、BS 和 PS 的总硅浓度分别为(813.88±62.60) mg/g、(355.82±10.23) mg/g、(345.74±31.06) mg/g、(340.92±34.95) mg/g、(337.69±36.95) mg/g 和(334.55±20.90) mg/g,与光降解速率常数呈正相关关系。相比之下,有效硅浓度(表 5-4)与 PFOA 去除率呈负相关关系。

表 5-4　不同固体基质中的总硅和有效硅浓度

固体	总硅浓度/(mg·g^{-1})	有效硅浓度/(mg·kg^{-1})
QS	813.88±62.60	6.50±1.41
RS	355.82±10.23	4.69±1.80
JXR	345.74±31.06	14.20±0.68

表 5-4(续)

固体	总硅浓度/(mg·g^{-1})	有效硅浓度/(mg·kg^{-1})
YS	340.92±34.95	14.42±2.75
BS	337.69±36.95	19.63±4.90
PS	334.55±20.90	29.60±1.41

5.3.2 PFOA 固相光降解产物和机理

图 5-5 给出了 QS 上负载的 PFOA 经光照不同时间后的总离子流色谱图(TICs)。从 0 min 样品的 TICs 可以看出,PFOA 峰出现在 13.8 min 左右。随着照射时间的延长,PFOA 峰逐渐消失,同时观察到了许多新峰,表明反应中间产物的生成。

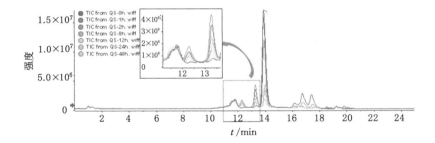

图 5-5 QS 上吸附的 PFOA 样品经不同反应时间的总离子流色谱图(TICs)

图 5-6 所示为极性产物(P1,PFHpA)的三级质谱图和裂解途径;图 5-7 所示为非极性产物(P7)的质谱图和裂解途径。除 1～3 min 的峰之外,PFOA 在其他固体颗粒(RS、JXR、YS、BS、PS)上光降解的 TICs 图与 QS 相似(图 5-9)。幸运的是,在这一段较早的洗脱时间内没有生成任何产物。图 5-9 证实了经 Hg 灯照射 48 h 后,不同固体基质上光降解产物的色谱峰是相似的。极性和非极性产物的详细质谱碎裂模式以及产物结构如图 5-10 所示。研究表明,如果质谱数据的理论值和实测值之间的误差小于 $3×10^{-6}$,则推测的分子式是正确的。所推测的分子式的理论值和实测值均列在表 5-5 中。

以 QS(反应最快)为例,根据鉴定出的产物,提出了固体上 PFOA 的反应路径,如图 5-11 所示。产物(P1～P6)的母离子质荷比分别为 362.969 1、312.972 3、262.975 5、212.978 7、162.981 8 和 112.985 0,洗脱时间分别为 13.176 min、12.034 min、10.353 min、2.353 min、1.261 min 和 0.911 min

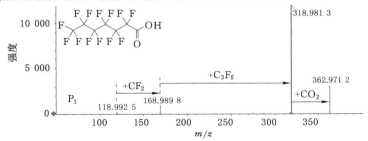

图 5-6 极性产物(P1,PFHpA)的二级质谱图和裂解途径

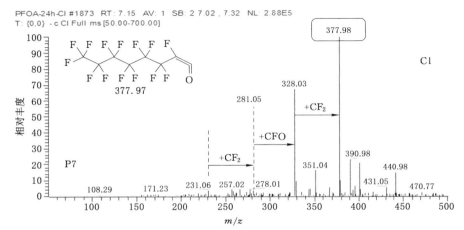

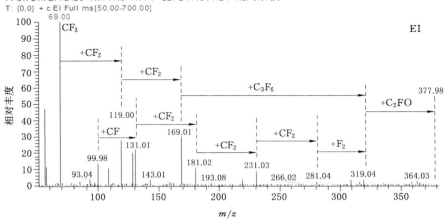

图 5-7 非极性产物(P7)的质谱图和裂解途径

(表 5-5)。通过 MS/MS 碎片分析,标样比对,并结合之前关于 UV 诱导 PFOA 降解的结果,确定这 6 种产物为短链 PFCAs[130,168]。

表 5-5 LC-TOF-MS 鉴定的 PFOA 极性转化产物的质谱信息

产物	R_t/min	分子式	m/z 理论值	m/z 实验值	误差/10^{-6}
P1	13.176	$C_6F_{13}COOH$	362.969 1	362.969 1	0.00
P2	12.034	$C_5F_{11}COOH$	312.972 3	312.972 3	0.00
P3	10.353	C_4F_9COOH	262.975 5	262.975 5	0.00
P4	2.353	C_3F_7COOH	212.978 7	212.978 7	0.00
P5	1.261	C_2F_5COOH	162.981 8	162.981 8	0.00
P6	0.911	CF_3COOH	112.985 0	112.985 3	2.65

如图 5-16 所示,中间产物 P1~P6 的浓度在 48 h 内的变化相似,都是先达到最大浓度(P1 在 1 h,P2~P4 在 2 h,P5 和 P6 在 8 h)后再降低。为了验证 LC-TOF-MS 在半定量模式下对这些产物(P1~P6)浓度测定的准确性,基于标准样品(包括 P6-TFA、P5-PFPA、P4-PFBA、P3-PFPeA、P2-PFHxA 和 P1-PFHpA),采用 LC-API 4000-MS 进行了定量分析,见图 5-16(d)。图 5-13(a)和图 5-13(d)的变化趋势相同,验证了 LC-TOF-MS 分析产物浓度变化的可靠性。但是,在样品中没有检测到 P6,这是由于稀释 50 倍后其浓度极低或其他原因造成的。此外,碳链更长的 PFCAs 的浓度最大值通常高于短链 PFCAs。总之,固体颗粒表面的 PFOA 经紫外光照射会通过逐渐失去一个 CF_2 基团的方式生成一系列短链同系物,如 $C_6F_{13}COOH$(图 5-6)。该路径的反应机理如下[157]:

$$C_nF_{2n+1}COO^- \longrightarrow C_nF_{2n+1}\cdot + \cdot COO^- \quad (5-1)$$

$$C_nF_{2n+1}\cdot + H_2O \longrightarrow C_nF_{2n+1}OH + \cdot H \quad (5-2)$$

$$C_nF_{2n+1}OH \longrightarrow C_{n-1}F_{2n-1}OF + H^+ + F^- \quad (5-3)$$

$$C_{n-1}F_{2n-1}OF + H_2O \longrightarrow C_{n-1}F_{2n-1}COOH + H^+ + F^- \quad (5-4)$$

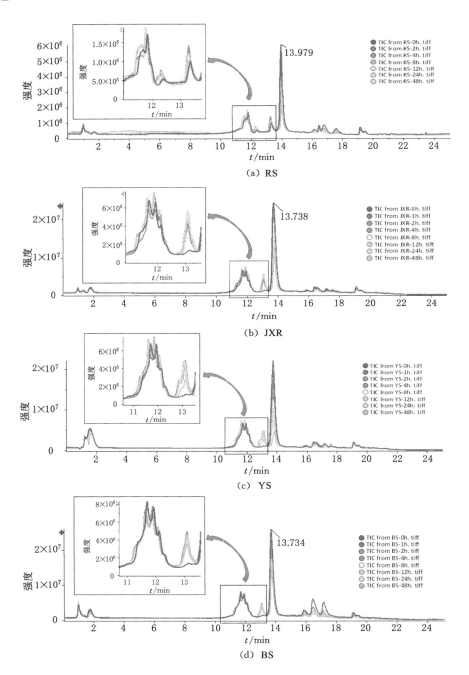

图 5-8 预负载于不同固体基质上的
PFOA 样品经不同反应时间的总离子流色谱图(TICs)

第 5 章 全氟辛酸在不同颗粒物表面的光降解动力学和机理

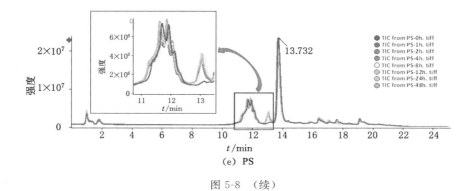

图 5-8 （续）

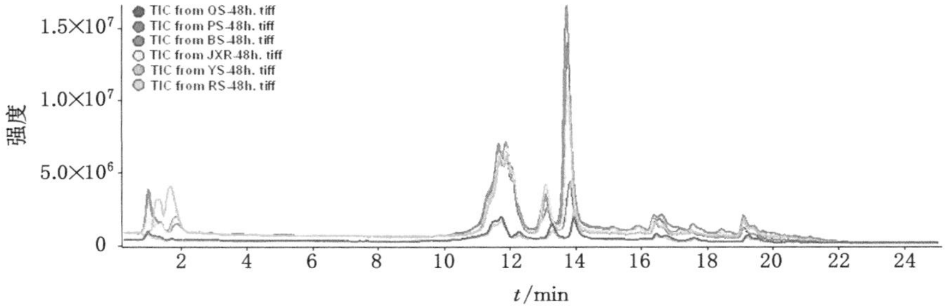

图 5-9 不同固体上 PFOA 经 48 h 汞灯照射后的反应样品的色谱图（TICs）

为了研究 PFOA 在固体颗粒表面上光解形成的短链 PFCAs 中间体的产生概况，我们也分析了其他 5 种固体颗粒上极性产物（P1～P6）的变化趋势（图 5-17）。如图 5-17 所示，在所研究的固体上，PFOA 光反应都生成了 P1～P6 产物。在整个反应过程中，极性产物具有相似的演化曲线，呈现出"先增加、后逐渐下降"或"持续增长"的趋势。因此，PFOA 在不同固体材料表面的光反应机理几乎相同。

我们在之前的工作中发现，PFCAs 的光降解最终导致了 TFA 和 F^- 的积累[168]。但是，从图 5-16(a)可以看出，P6 在 8 h 时积累到最大值，然后在 Hg 灯照射下开始进行光降解。为了验证这一现象，我们在 QS 上预负载了 TFA，然后在相同的实验条件下进行了紫外光照实验。TFA 的光降解效率如图 5-18 所示。由此可见，TFA 经 24 h 辐照后能被有效降解，且降解过程完全符合假一级反应动力学。QS 上 TFA 的有效光降解可能是由固体载体的催化作用造成的。但是，具体的催化机理还有待进一步研究。

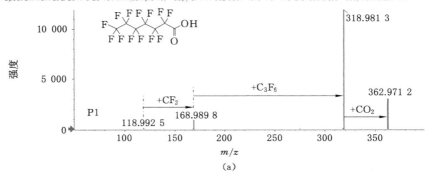

(a)

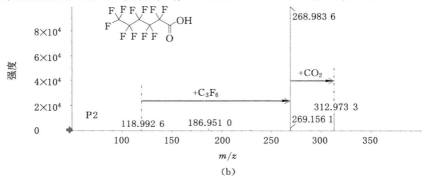

(b)

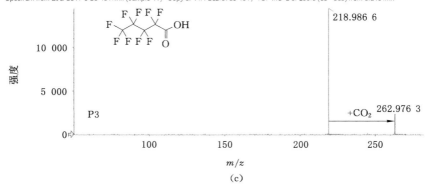

(c)

图 5-10　LC-TOF-MS 鉴定的 PFOA 光降解产物 P1～P6 的质谱图以及碎裂模式

第 5 章 全氟辛酸在不同颗粒物表面的光降解动力学和机理

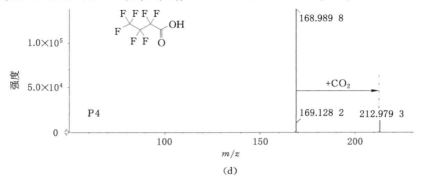

(d)

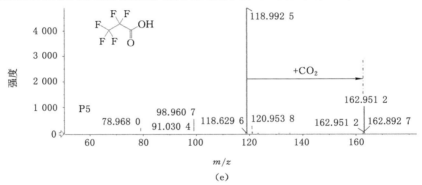

(e)

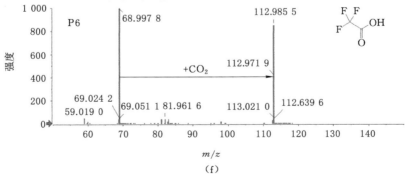

(f)

图 5-10 （续）

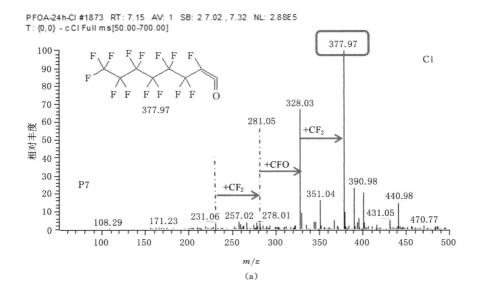

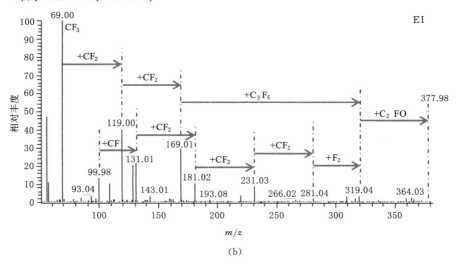

图 5-11 GC-ISQ-MS 鉴定的 PFOA 光降解产物 P7 和 P8 的质谱图以及碎裂模式

第 5 章 全氟辛酸在不同颗粒物表面的光降解动力学和机理

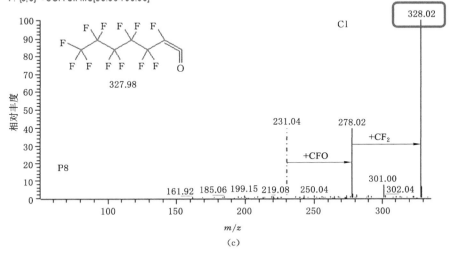

(c)

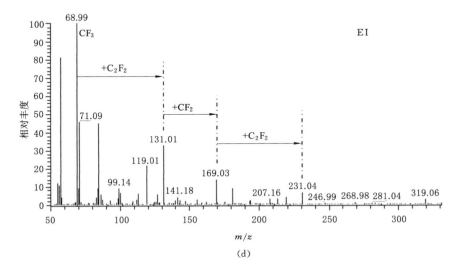

(d)

图 5-11 （续）

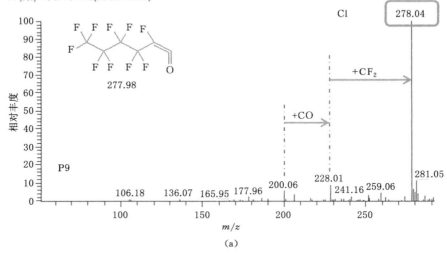

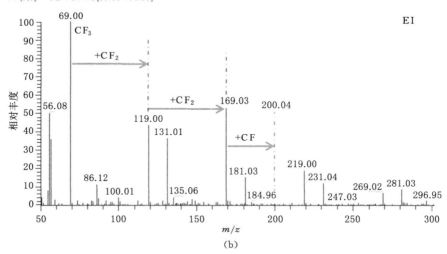

图 5-12　GC-ISQ-MS 鉴定的 PFOA 光降解产物 P9 和 P10 的质谱图以及碎裂模式

第 5 章　全氟辛酸在不同颗粒物表面的光降解动力学和机理

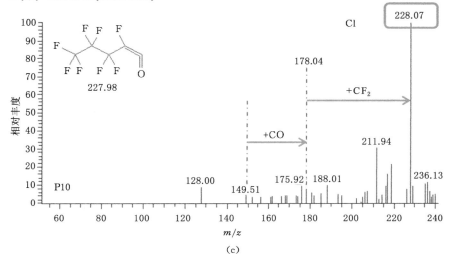

(c)

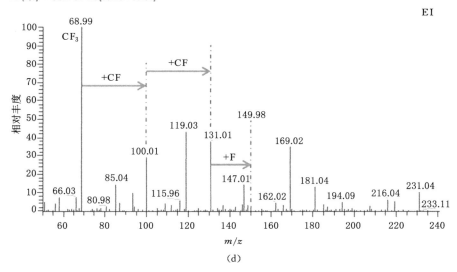

(d)

图 5-12 （续）

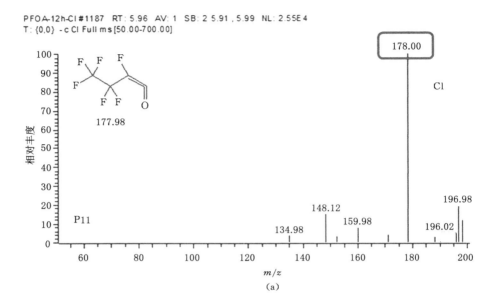

(a)

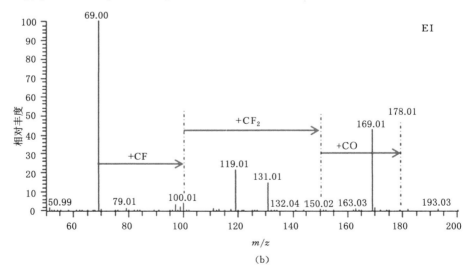

(b)

图 5-13 GC-ISQ-MS 鉴定的 PFOA 光降解产物 P11 和 P12 的质谱图以及碎裂模式

第5章 全氟辛酸在不同颗粒物表面的光降解动力学和机理

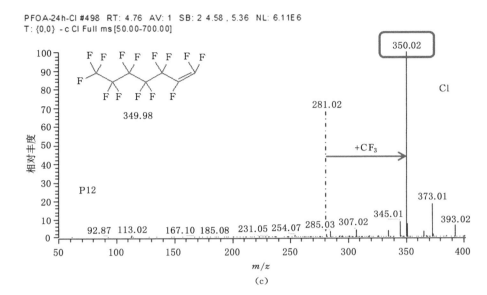

(c)

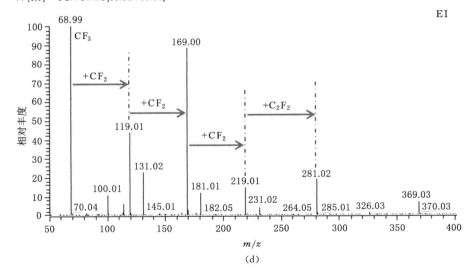

(d)

图 5-13 （续）

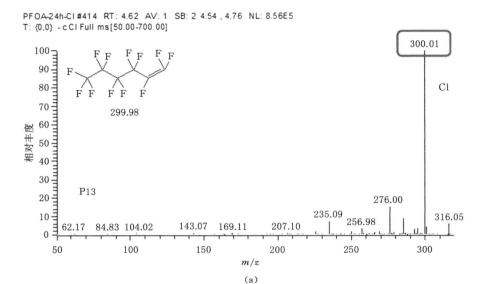

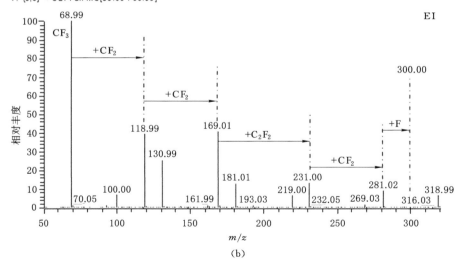

图 5-14 GC-ISQ-MS 鉴定的 PFOA 光降解产物 P13 的质谱图以及碎裂模式

第 5 章 全氟辛酸在不同颗粒物表面的光降解动力学和机理

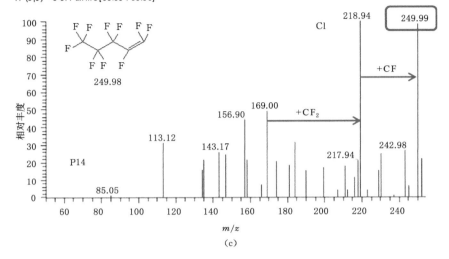

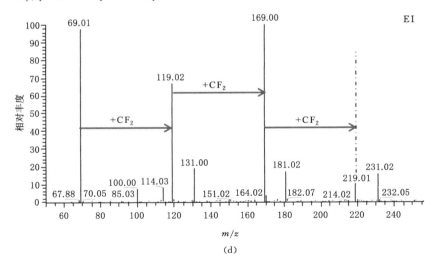

图 5-14 （续）

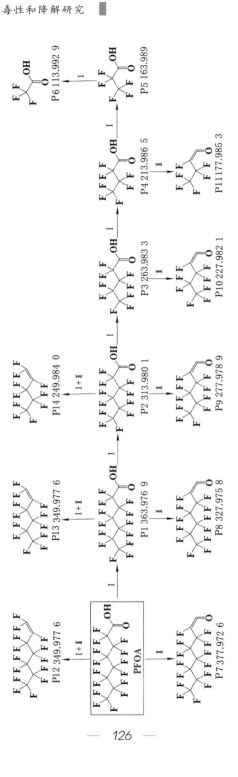

图5-15 不同固体颗粒上PFOA的光降解反应路径

Ⅰ—脱羧反应；Ⅱ—消去反应。

第 5 章 全氟辛酸在不同颗粒物表面的光降解动力学和机理

相对峰面积是用某一反应时间点的峰面积除以最大峰面积得到的。对于图 5-16(a) 至图 5-16（c）而言，峰面积是从 LC-TOF-MS 获得的。对于图 5-16(d) 而言，样品稀释 50 倍之后用 LC-API 4000-MS 测定面积。

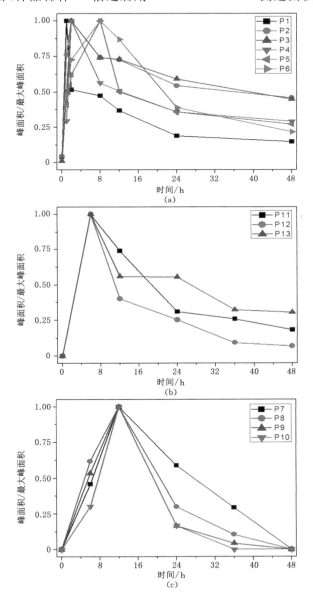

图 5-16　QS 上 PFOA 光降解中间产物的演化趋势

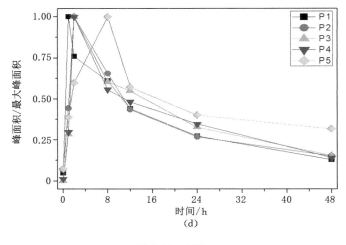

图 5-16 (续)

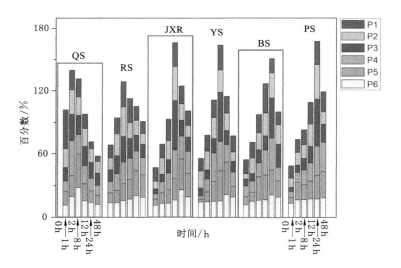

图 5-17 PFOA 在固体颗粒表面光降解的极性产物(P1~P6)的演变趋势

某一产物在不同光照时间的百分数(P_i,i 代表反应时间)按照公式 $P_i = C_i/C$ 计算,其中 C_i 为产物在某一反应时间的浓度,C 为该产物在所有取样点的浓度之和($C=C_0+C_1+C_2+C_8+C_{12}+C_{24}+C_{48}$)如图 5-11 至图 5-12 所示,产物 P7~P10 具有相似的结构。这些产物的母离子质荷比(m/z)分别为 327.98($C_5F_{11}CF=C=O$,P7)、277.98($C_4F_9CF=C=O$,P8)、227.98

第 5 章　全氟辛酸在不同颗粒物表面的光降解动力学和机理

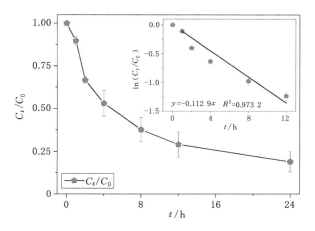

图 5-18　QS 上 TFA 的光降解曲线

($C_3F_7CF\!=\!C\!=\!O$,P9)和 177.98($C_2F_5CF\!=\!C\!=\!O$,P10)。下面以 P7 为例,其中 CI 和 EI 模式下的详细质谱信息如图 5-7 所示。以从 TICs 中提取离子得到峰面积的方法分析了这些产物(P7～P10)的变化趋势。由图 5-13(b)可以看出,这些产物具有相似的演化趋势;其浓度呈现先增大、后下降的趋势,且最大浓度出现在 12 h。这些烯酮类产物是通过 $C_{n-1}F_{2n-1}COF$ 的邻位脱氟作用生成的,其中 $C_{n-1}F_{2n-1}COF$ 是短链 PFCAs 生成过程中产生的中间体。以往的研究报道[169-170]认为,α-酰氟的酰基碳和邻位碳有可能脱去 F 原子从而形成一个 $C\!=\!C\!=\!O$ 键[176]。可能的反应机理如下:

$$C_{n-1}F_{2n-1}OF \longrightarrow C_{n-2}F_{2n-3}CF\!=\!CO+F_2 \tag{5-5}$$

$$F_2+H_2O \longrightarrow HF+O_2 \tag{5-6}$$

GC-MS 检测到了分子质荷比为 349.98($C_5F_{11}CF\!=\!CF_2$,P11)、299.98($C_4F_9CF\!=\!CF_2$,P12)和 249.99($C_3F_7CF\!=\!CF_2$,P13)的产物,保留时间分别为 4.80 min、4.60 min 和 4.17 min。如图 5-13 至 5-14 所示,质谱图中出现了典型的碎片离子 69(CF_3)、131(C_3F_5)和 231(C_5F_9)是母离子失去不同组合的 C 和 F 原子产生的。它们具有相似的变化趋势,其浓度先增大、后减小,最大值出现在 8 h[图 5-10(c)]。然而,GC-MS 并未检测到链长更短的该系列产物。可能由于它极易挥发,因而在样品制备过程中浓度无法积累到检测限以上水平。我们之前关于 PFOA 光降解的研究中也报道了类似的中间产物[168,180]。脱羧反应产生的 $C_nF_{2n+1}\cdot$ 自由基可以通过失去一个氟原子从而生成烯烃。反应机理为:

$$C_nF_{2n+1}\cdot P \longrightarrow C_nF_{2n}+\cdot F \tag{5-7}$$

5.4 本章小结

研究结果表明,吸附剂的种类会显著影响 PFOA 在不同固体基质上的光降解速率。在紫外光照射下,PFOA 在不同固体上都发生了降解,并且降解都符合假一级反应动力学。PFOA 在六种固体上的反应性大小顺序为:QS>RS>JXR>YS>BS>PS。分析表明遮光效应、粒径分布和分形维数、硅浓度特别是有机碳浓度都会影响 PFOA 的光降解。LC-MS 和 GC-MS 分析表明,PFOA 在不同固体基质上的光降解主要发生了脱羧和消除反应,从而导致了短链 PFCAs、全氟烯酮和全氟烯烃的生成。这些结果将会加深我们对 PFOA 在固体颗粒上的光降解行为的理解,这有助于评估大气中 PFOA 的环境归趋和防止 PFOA 污染。

参 考 文 献

[1] FROMME H, TITTLEMIER S A, VÖLKEL W, et al. Perfluorinated compounds: exposure assessment for the general population in Western countries[J]. International Journal of Hygiene and Environmental Health, 2009,212(3):239-270.

[2] RENNER R. Growing concern over perfluorinated chemicals[J]. Environmental science and technology,2001,35(7):154A-160A.

[3] PREVEDOUROS K,COUSINS I T,BUCK R C, et al. Sources, fate and transport of perfluorocarboxylates[J]. Environmental science and technology, 2006,40(1):32-44.

[4] HANNA H, Li LORETTA Y, GRACE JOHN R. Review of the fate and transformation of per-and polyfluoroalkyl substances (PFASs) in landfills[J]. Environmental pollution,2018,235:74-84.

[5] SANSOTERA M, PERSICO F, PIROLA C, et al. Decomposition of perfluorooctanoic acid photocatalyzed by titanium dioxide:chemical modification of the catalyst surface induced by fluoride ions [J]. Applied catalysis B: environmental,2014,148:29-35.

[6] FALANDYSZ J, TANIYASU S, GULKOWSKA A, et al. Is fish a major source of fluorinated surfactants and repellents in humans living on the Baltic Coast? [J]. Environmental science and technology, 2006, 40(3): 748-751.

[7] TOMY G T,BUDAKOWSKI W,HALLDORSON T,et al. Fluorinated organic compounds in an eastern Arctic marine food web[J]. Environmental science and technology,2004,38(24):6475-6481.

[8] 杨杰文,秦小迪,李永凌,等.全氟化合物对儿童肺功能影响的病例对照研究[J].中国学校卫生,2017,38(7):1035-1038.

[9] 刘畅,马欣欣,李芹,等.九龙江河口-厦门海域全/多氟化合物的污染特征及演变趋势[J].海洋环境科学,2024,43(4):559-571.

[10] GIESY J P,KANNAN K. Peer reviewed:perfluorochemical surfactants in the environment[J]. Environmental science & technology,2002,36(7):146A-152A.

[11] RAYNE S,FOREST K. Perfluoroalkyl sulfonic and carboxylic acids:a critical review of physicochemical properties,levels and patterns in waters and wastewaters, and treatment methods[J]. Journal of environmental Science and health part A,2009,44(12):1145-1199.

[12] EXNER M,FÄRBER H. Perfluorinated surfactants in surface and drinking waters[J]. Environmental science and pollution research,2006,13(5):299-307.

[13] CLARA M,GANS O,WEISS S,et al. Perfluorinated alkylated substances in the aquatic environment:an Austrian case study[J]. Water research,2009,43(18):4760-4768.

[14] MOODY C A,FIELD J A. Determination of perfluorocarboxylates in groundwater impacted by fire-fighting activity[J]. Environmental science and technology,1999,33(16):2800-2806.

[15] PAUSTENBACH D J,PANKO J M,SCOTT P K,et al. A methodology for estimating human exposure to perfluorooctanoic acid (PFOA):a retrospective exposure assessment of a community (1951-2003)[J]. Journal of toxicology and environmental health part A,2007,70(1):28-57.

[16] AHRENS L,XIE Z Y,EBINGHAUS R. Distribution of perfluoroalkyl compounds in seawater from northern Europe,Atlantic Ocean, and Southern Ocean[J]. Chemosphere,2010,78(8):1011-1016.

[17] MORIWAKI H,TAKATAH Y,ARAKAWA R. Concentrations of perfluorooctane sulfonate (PFOS) and perfluorooctanoic acid (PFOA) in vacuum cleaner dust collected in Japanese homes [J]. Journal of environmental monitoring,2003,5(5):753-757.

[18] 郭萌萌,谭志军,吴海燕,等.全氟羧酸及其前体物质的环境分布、毒性和生物转化研究进展[J].中国渔业质量与标准,2018,8(4):25-37.

[19] THEOBALD N, CALIEBE C, GERWINSKI W, et al. Occurrence of perfluorinated organic acids in the North and Baltic Seas. Part 1: distribution in sea water[J]. Environmental science and pollution research, 2011, 18(7): 1057-1069.

[20] HIGGINS C P, FIELD J A, CRIDDLE C S, et al. Quantitative determination of perfluorochemicals in sediments and domestic sludge [J]. Environmental science and technology, 2005, 39(11): 3946-3956.

[21] VERREAULT J, HOUDE M, GABRIELSEN G W, et al. Perfluorinated alkyl substances in plasma, liver, brain, and eggs of glaucous gulls (Larus hyperboreus) from the Norwegian Arctic[J]. Environmental science and technology, 2005, 39(19): 7439-7445.

[22] NANIA V, PELLEGRINI G E, FABRIZI L, et al. Monitoring of perfluorinated compounds in edible fish from the Mediterranean Sea[J]. Food chemistry, 2009, 115(3): 951-957.

[23] SVIHLIKOVA V, LANKOVA D, POUSTKA J, et al. Perfluoroalkyl substances (PFASs) and other halogenated compounds in fish from the upper Labe River Basin[J]. Chemosphere, 2015, 129: 170-178.

[24] PAN Y Y, SHI Y L, WANG Y W, et al. Investigation of perfluorinated compounds (PFCs) in mollusks from coastal waters in the Bohai Sea of China[J]. Journal of environmental monitoring, 2010, 12(2): 508-513.

[25] SO M K, YAMASHITA N, TANIYASU S, et al. Health risks in infants associated with exposure to perfluorinated compounds in human breast milk from Zhoushan, China[J]. Environmental science and technology, 2006, 40(9): 2924-2929.

[26] OLSEN G W, ELLEFSON M E, MAIR D C, et al. Analysis of a homologous series of perfluorocarboxylates from American Red Cross adult blood donors, 2000-2001 and 2006[J]. Environmental science and technology, 2011, 45(19): 8022-8029.

[27] WEIHE P, KATO K, CALAFAT A M, et al. Serum concentrations of polyfluoroalkyl compounds in Faroese whale meat consumers [J]. Environmental science and technology, 2008, 42(16): 6291-6295.

[28] YOUNG C J, FURDUI V I, FRANKLIN J, et al. Perfluorinated acids in Arctic snow: new evidence for atmospheric formation[J]. Environmental science and technology, 2007, 41(10): 3455-3461.

[29] BIEGEL L B, HURTT M E, FRAME S R, et al. Mechanisms of extrahepatic tumor induction by peroxisome proliferators in male CD rats [J]. Toxicological sciences:an official journal of the society of toxicology, 2001,60(1):44-55.

[30] LAU C, ANITOLE K, HODES C, et al. Perfluoroalkyl acids:a review of monitoring and toxicological findings [J]. Toxicological sciences:an official journal of the society of toxicology,2007,99(2):366-394.

[31] US EPA. Draft risk assessment of potential human health effects associated with PFOA and its salts:EPA-SAB-06-006[S]. Washington, DC:USEPA public docket,2006.

[32] XIE Y, YANG Q, NELSON B D, et al. The relationship between liver peroxisome proliferation and adipose tissue atrophy induced by peroxisome proliferator exposure and withdrawal in mice[J]. Biochemical Pharmacology,2003,66(5):749-756.

[33] BERTHIAUME J, WALLACE K B. Perfluorooctanoate, perflourooctane-sulfonate, and N-ethyl perfluorooctanesulfonamido ethanol:peroxisome proliferation and mitochondrial biogenesis[J]. Toxicology letters,2002,129(1/2):23-32.

[34] YANG Q, ABEDI-VALUGERDI M, XIE Y, et al. Potent suppression of the adaptive immune response in mice upon dietary exposure to the potent peroxisome proliferator, perfluorooctanoic acid[J]. International Immunopharmacology,2002,2(2/3):389-397.

[35] SMITS J E, NAIN S. Immunomodulation and hormonal disruption without compromised disease resistance in perfluorooctanoic acid (PFOA) exposed Japanese quail[J]. Environmental pollution,2013,179:13-18.

[36] STOCK N L, FURDUI V I, MUIR D C, et al. Perfluoroalkyl contaminants in the Canadian Arctic:evidence of atmospheric transport and local contamination [J]. Environmental science and technology,2007,41(10):3529-3536.

[37] 卢向明,陈萍萍. 低剂量全氟辛酸对雄性黑斑蛙生殖毒效应及机理研究[J]. 环境科学学报,2012,32(6):1497-1502.

[38] 叶露,吴玲玲,蒋雨希,等. PFOS/PFOA对斑马鱼(Danio rerio)胚胎致毒效应研究[J]. 环境科学,2009,30(6):1727-1732.

[39] Lau C, THIBODEAUX J R, HANSON R G, et al. Effects of perfluorooctanoic acid exposure during pregnancy in the mouse[J]. Toxicological Sciences:an

Official Journal of the society of toxicology,2006,90(2):510-518.

[40] WU K S,XU X J,PENG L,et al. Association between maternal exposure to perfluorooctanoic acid (PFOA) from electronic waste recycling and neonatal health outcomes[J]. Environment international,2012,48:1-8.

[41] 李玲,赵康峰,李毅民,等. 全氟辛烷磺酸和全氟辛酸神经毒性机制研究进展[J]. 环境卫生学杂志,2013,3(2):167-169.

[42] OLSEN G W,BURRIS J M,EHRESMAN D J,et al. Half-life of serum elimination of perfluorooctanesulfonate, perfluorohexanesulfonate, and perfluorooctanoate in retired fluorochemical production workers[J]. Environmental health perspectives,2007,115(9):1298-1305.

[43] VIEIRA V M,HOFFMAN K,SHIN H M,et al. Perfluorooctanoic acid exposure and cancer outcomes in a contaminated community:a geographic analysis[J]. Environmental health perspectives,2013,121(3):318-323.

[44] BUHRKE T,KIBELLUS A,LAMPEN A. In vitro toxicological characterization of perfluorinated carboxylic acids with different carbon chain lengths[J]. Toxicol lett,2013,218(2):97-104.

[45] ULHAQ M,CARLSSON G,ÖRN S,et al. Comparison of developmental toxicity of seven perfluoroalkyl acids to zebrafish embryos[J]. Environmental toxicology and pharmacology,2013,36(2):423-426.

[46] OCHOA-HERRERA V,SIERRA-ALVAREZ R. Removal of perfluorinated surfactants by sorption onto granular activated carbon,zeolite and sludge[J]. Chemosphere,2008,72(10):1588-1593.

[47] YU Q,ZHANG R Q,DENG S B,et al. Sorption of perfluorooctane sulfonate and perfluorooctanoate on activated carbons and resin:kinetic and isotherm study[J]. Water research,2009,43(4):1150-1158.

[48] DU Z W,DENG S B,BEI Y,et al. Adsorption behavior and mechanism of perfluorinated compounds on various adsorbents:a review[J]. Journal of hazardous materials,2014,274:443-454.

[49] TAKAGI S,ADACHI F,MIYANO K,et al. Perfluorooctanesulfonate and perfluorooctanoate in raw and treated tap water from Osaka,Japan[J]. Chemosphere,2008,72(10):1409-1412.

[50] ZHOU Q,DENG S B,ZHANG Q Y,et al. Sorption of perfluorooctane sulfonate and perfluorooctanoate on activated sludge[J]. Chemosphere, 2010,81(4):453-458.

[51] 罗梅清,卓琼芳,许振成,等.全氟化合物处理技术的研究进展[J].环境科学与技术,2015,38(8):60-67.

[52] HIGGINS C P,LUTHY R G. Sorption of perfluorinated surfactants on sediments[J]. Environmental science and technology,2006,40(23):7251-7256.

[53] DENG S B,ZHOU Q,YU G,et al. Removal of perfluorooctanoate from surface water by polyaluminium chloride coagulation[J]. Water Research,2011,45(4):1774-1780.

[54] CHULARUEANGAKSORN P C,TANAKA S,FUJII S,et al. Adsorption of perfluorooctanoic acid (PFOA) onto anion exchange resin, non-ion exchange resin, and granular-activated carbon by batch and column[J]. Desalination and water treatment,2014,52(34-36):6542-6548.

[55] APPLEMAN T D,DICKENSON E R,BELLONA C,et al. Nanofiltration and granular activated carbon treatment of perfluoroalkyl acids[J]. Journal of hazardous materials,2013,260:740-746.

[56] STEINLE-DARLING E,REINHARD M. Nanofiltration for trace organic contaminant removal: structure, solution, and membrane fouling effects on the rejection of perfluorochemicals[J]. Environmental science and technology,2008,42(14):5292-5297.

[57] COLOSI L M,PINTO R A,HUANG Q G,et al. Peroxidase-mediated degradation of perfluorooctanoic acid[J]. Environmental toxicology and chemistry,2009,28(2):264-271.

[58] 周莉娜.白腐真菌对持久性有机物 PFOA 和雌激素 E2 的降解研究[D].杨凌:西北农林科技大学,2012.

[59] 薛学佳,周钰明,吴敏,等.含氟有机化合物优势降解菌的筛选[J].环境科学与技术,2004,27(1):11-12.

[60] BLAKE P G,PRITCHARD H. The thermal decomposition of trifluoroacetic acid[J]. Journal of the chemical society B:physical organic,1967:282-286.

[61] KRUSIC P J,MARCHIONE A A,ROE D C. Gas-phase NMR studies of the thermolysis of perfluorooctanoic acid[J]. Journal of fluorine chemistry,2005,126(11/12):1510-1516.

[62] VECITIS C D,PARK H,CHENG J,et al. Kinetics and mechanism of the sonolytic conversion of the aqueous perfluorinated surfactants, perfluorooc-

tanoate (PFOA), and perfluorooctane sulfonate (PFOS) into inorganic products[J]. The journal of physical chemistry A,2008,112(18):4261-4270.

[63] 谢冰.超声波作用下有机污染物的降解[J].水处理技术,2000,26(2):114-119.

[64] ADEWUYI Y G. Sonochemistry:environmental science and engineering applications[J]. Industrial and engineering chemistry research,2001,40(22):4681-4715.

[65] MORIWAKI H,TAKAGI Y,TANAKA M,et al.Sonochemical decomposition of perfluorooctane sulfonate and perfluorooctanoic acid[J]. Environmental science and technology,2005,39(9):3388-3392.

[66] CHENG J,VECITIS C D,PARK H,et al. Sonochemical degradation of perfluorooctane sulfonate (PFOS) and perfluorooctanoate (PFOA) in landfill groundwater:environmental matrix effects[J]. Environmental science and technology,2008,42(21):8057-8063.

[67] CHENG J,VECITIS C D,PARK H,et al. Sonochemical degradation of peerfluorooctane sulfonate (PFOS) and perfluorooctanoate (PFOA) in landfill groundwater:environmental matrix effects[J]. Environmental science and technology,2008,42(21):8057-8063.

[68] 赵德明,丁成,徐新华,等.超声波降解全氟辛烷磺酸和全氟辛酸的动力学[J].化工学报,2011,62(3):829-835.

[69] OCHIAI T,IIZUKA Y,NAKATA K,et al. Efficient electrochemical decomposition of perfluorocarboxylic acids by the use of a boron-doped diamond electrode[J]. Diamond and related materials,2011,20(2):64-67.

[70] ZHUO Q F,DENG S B,YANG B,et al. Degradation of perfluorinated compounds on a boron-doped diamond electrode[J]. Electrochimica acta,2012,77:17-22.

[71] ZHUO Q F,DENG S B,YANG B,et al. Efficient electrochemical oxidation of perfluorooctanoate using a Ti/SnO_2-Sb-Bi anode[J]. Environmental science and technology,2011,45(7):2973-2979.

[72] NIU J F,LIN H,XU J L,et al. Electrochemical mineralization of perfluorocarboxylic acids (PFCAs) by ce-doped modified porous nanocrystalline PbO_2 film electrode[J]. Environmental science and technology, 2012, 46(18):10191-10198.

[73] 陈静,张彭义,刘剑.全氟羧酸在185 nm真空紫外光下的降解研究[J].环

境科学,2007,28(4):4772-4776.

[74] HORI H,HAYAKAWA E,EINAGA H,et al. Decomposition of environmentally persistent perfluorooctanoic acid in water by photochemical approaches[J]. Environmental science and technology,2004,38(22):6118-6124.

[75] HORI H,YAMAMOTO A,HAYAKAWA E,et al. Efficient decomposition of environmentally persistent perfluorocarboxylic acids by use of persulfate as a photochemical oxidant[J]. Environmental science and technology,2005,39(7):2383-2388.

[76] CAO M H,WANG B B,YU H S,et al. Photochemical decomposition of perfluorooctanoic acid in aqueous periodate with VUV and UV light irradiation[J]. Journal of hazardous materials,2010,179(1/2/3):1143-1146.

[77] PHAN THI L A,DO H T,LEE Y C,et al. Photochemical decomposition of perfluorooctanoic acids in aqueous carbonate solution with UV irradiation[J]. Chemical engineering journal,2013,221:258-263.

[78] WANG Y,ZHANG P Y,PAN G,et al. Ferric ion mediated photochemical decomposition of perfluorooctanoic acid (PFOA) by 254nm UV light[J]. Journal of hazardous materials,2008,160(1):181-186.

[79] HORI H,YAMAMOTO A,KOIKE K,et al. Photochemical decomposition of environmentally persistent short-chain perfluorocarboxylic acids in water mediated by iron(II)/(III) redox reactions[J]. Chemosphere,2007,68(3):572-578.

[80] 王媛,张彭义,端裕树,等.全氟羧酸的光化学降解研究[C]// 持久性有机污染物论坛2008暨第三届持久性有机污染物全国学术研讨会论文集.北京,2008:137-139.

[81] DILLERT R,BAHNEMANN D,HIDAKA H. Light-induced degradation of perfluorocarboxylic acids in the presence of titanium dioxide[J]. Chemosphere,2007,67(4):785-792.

[82] PANCHANGAM S C,LIN A Y,SHAIK K L,et al. Decomposition of perfluorocarboxylic acids (PFCAs) by heterogeneous photocatalysis in acidic aqueous medium[J]. Chemosphere,2009,77(2):242-248.

[83] ESTRELLAN C R,SALIM C,HINODE H. Photocatalytic decomposition of perfluorooctanoic acid by iron and niobium Co-doped titanium dioxide[J]. Journal of hazardous materials,2010,179(1/2/3):79-83.

[84] LI M J, YU Z B, LIU Q, et al. Photocatalytic decomposition of perfluorooctanoic acid by noble metallic nanoparticles modified TiO_2[J]. Chemical engineering journal, 2016, 286: 232-238.

[85] SONG C, CHEN P, WANG C Y, et al. Photodegradation of perfluorooctanoic acid by synthesized TiO_2-MWCNT composites under 365 nm UV irradiation [J]. Chemosphere, 2012, 86(8): 853-859.

[86] HORI H, TAKANO Y, KOIKE K, et al. Photochemical decomposition of pentafluoropropionic acid to fluoride ions with a water-soluble heteropolyacid photocatalyst [J]. Applied catalysis B: environmental, 2003, 46(2): 333-340.

[87] HORI H, HAYAKAWA E, KOIKE K, et al. Decomposition of nonafluoropentanoic acid by heteropolyacid photocatalyst $H_3PW_{12}O_{40}$ in aqueous solution[J]. Journal of molecular catalysis A: Chemical, 2003, 211(1): 35-41.

[88] HORI H, TAKANO Y, KOIKE K, et al. Decomposition of environmentally persistent trifluoroacetic acid to fluoride ions by a homogeneous photocatalyst in water[J]. Environmental science and technology, 2003, 37(2): 418-422.

[89] LI X Y, ZHANG P Y, JIN L, et al. Efficient photocatalytic decomposition of perfluorooctanoic acid by indium oxide and its mechanism [J]. Environmental science and technology, 2012, 46(10): 5528-5534.

[90] LI Z M, ZHANG P Y, SHAO T, et al. In_2O_3 nanoporous nanosphere: a highly efficient photocatalyst for decomposition of perfluorooctanoic acid [J]. Applied catalysis B: environmental, 2012, 125: 350-357.

[91] LI Z M, ZHANG P Y, SHAO T, et al. Different nanostructured In_2O_3 for photocatalytic decomposition of perfluorooctanoic acid (PFOA) [J]. Journal of hazardous materials, 2013, 260: 40-46.

[92] SHAO T, ZHANG P Y, LI Z M, et al. Photocatalytic decomposition of perfluorooctanoic acid in pure water and wastewater by needle-like nanostructured gallium oxide [J]. Cuihua Xuebao/Chinese journal of catalysis, 2013, 34(8): 1551-1559.

[93] PARK H, VECITIS C D, CHENG J, et al. Reductive defluorination of aqueous perfluorinated alkyl surfactants: effects of ionic headgroup and chain length[J]. The journal of physical chemistry A, 2009, 113(4): 690-696.

[94] QU Y,ZHANG C J,LI F,et al. Photo-reductive defluorination of perfluorooctanoic acid in water[J]. Water research,2010,44(9):2939-2947.

[95] HUANG L,DONG W B,HOU H Q. Investigation of the reactivity of hydrated electron toward perfluorinated carboxylates by laser flash photolysis[J]. Chemical physics letters,2007,436(1/2/3):124-128.

[96] HORI H,NAGAOKA Y,MURAYAMA M,et al. Efficient decomposition of perfluorocarboxylic acids and alternative fluorochemical surfactants in hot water[J]. Environmental science and technology,2008,42(19):7438-7443.

[97] LEE Y C,LO S L,CHIUEH P T,et al. Efficient decomposition of perfluorocarboxylic acids in aqueous solution using microwave-induced persulfate[J]. Water research,2009,43(11):2811-2816.

[98] ZHANG K L,HUANG J,YU G,et al. Destruction of perfluorooctane sulfonate (PFOS) and perfluorooctanoic acid (PFOA) by ball milling[J]. Environmental science and technology,2013,47(12):6471-6477.

[99] 田富箱,徐斌,夏圣骥,等.饮用水中全氟化合物(PFCs)的控制研究进展[J].中国给水排水,2010,26(12):28-32.

[100] LIN A Y C,PANCHANGAM S C,CHANG C Y,et al. Removal of perfluorooctanoic acid and perfluorooctane sulfonate via ozonation under alkaline condition[J]. Journal of hazardous materials,2012,243:272-277.

[101] PANCHANGAM S C,LIN A Y,TSAI J H,et al. Sonication-assisted photocatalytic decomposition of perfluorooctanoic acid[J]. Chemosphere,2009,75(5):654-660.

[102] LEE Y C,LO S L,CHIUEH P T,et al. Microwave-hydrothermal decomposition of perfluorooctanoic acid in water by iron-activated persulfate oxidation[J]. Water research,2010,44(3):886-892.

[103] BLONDEL C,CACCIANI P,DELSART C,et al. High-resolution determination of the electron affinity of fluorine and bromine using crossed ion and laser beams[J]. Physical review A:general physics,1989,40(7):3698-3701.

[104] 杨圣舒,刘美,张迪.地表水中典型全氟化合物的污染特性及降解机理研究[J].环境科学与管理,2017,42(3):39-42.

[105] LIU C S, HIGGINS C P, WANG F, et al. Effect of temperature on oxidative transformation of perfluorooctanoic acid (PFOA) by persulfate activation in water[J]. Separation and purification technology, 2012, 91: 46-51.

[106] BRUNSTROM J. Early diagnosis and interventional therapy in cerebral palsy: an interdisciplinary age-focused approach[J]. Journal of psychosomatic research, 2002, 52(4): 273.

[107] SUN X M, ZHANG C X, ZHAO Y Y, et al. Atmospheric chemical reactions of 2,3,7,8-tetrachlorinated dibenzofuran initiated by an OH radical: mechanism and kinetics study[J]. Environmental science and technology, 2012, 46(15): 8148-8155.

[108] NEISS C, SAALFRANK P, PARAC M, et al. Quantum chemical calculation of excited states of flavin-related molecules[J]. The journal of physical chemistry A, 2003, 107(1): 140-147.

[109] ZHOU J, CHEN J W, LIANG C H, et al. Quantum chemical investigation on the mechanism and kinetics of PBDE photooxidation by ·OH: a case study for BDE-15 [J]. Environmental science and technology, 2011, 45(11): 4839-4845.

[110] OHKO Y, IUCHI K, NIWA, et al. 17 beta-estradiol degradation by TiO_2 photocatalysis as a means of reducing estrogenic activity[J]. Environmental science and technology, 2002, 36(19): 4175-4181.

[111] LONG X, NIU J. Estimation of gas-phase reaction rate constants of alkylnaphthalenes with chlorine, hydroxyl and nitrate radicals[J]. Chemosphere, 2007, 67(10): 2028-2034.

[112] KUSIĆ H, RASULEV B, LESZCZYNSKA D, et al. Prediction of rate constants for radical degradation of aromatic pollutants in water matrix: a QSAR study[J]. Chemosphere, 2009, 75(8): 1128-1134.

[113] 赵亚英. 量子化学计算在若干环境问题中的应用[D]. 广州: 中国科学院广州地球化学研究所, 2008.

[114] WANG Y N, CHEN J W, LI X H, et al. Predicting rate constants of hydroxyl radical reactions with organic pollutants: algorithm, validation, applicability domain, and mechanistic interpretation[J]. Atmospheric environment, 2009, 43(5): 1131-1135.

[115] 李超. 有机污染物与—OH 气相反应动力学和机制的计算模拟预测[D]. 大连: 大连理工大学, 2015.

[116] BLANCO M B, BEJAN I, BARNES I, et al. Atmospheric photooxidation of fluoroacetates as a source of fluorocarboxylic acids[J]. Environmental science and technology, 2010, 44(7): 2354-2359.

[117] BLANCO M B, RIVELA C, RIVELA C, et al. Tropospheric degradation of 2, 2, 2 trifluoroethyl butyrate: kinetic study of their reactions with OH radicals and Cl atoms at 298 K[J]. Chemical physics letters, 2013, 578: 33-37.

[118] BLANCO M B, BARNES I, WIESEN P, et al. Kinetics of the reactions of Cl atoms with $CF_3C(O)OCH_3$, $CF_3C(O)OCH_2CH_3$, $CF_2HC(O)OCH_3$ in the temperature range of 287-313 K and 1atm[J]. Chemical physics letters, 2015, 638: 15-20.

[119] DINGLASAN M J, YE Y, EDWARDS E A, et al. Fluorotelomer alcohol biodegradation yields poly-and perfluorinated acids[J]. Environmental science and technology, 2004, 38(10): 2857-2864.

[120] ELLIS D A, MARTIN J W, DE SILVA A O, et al. Degradation of fluorotelomer alcohols: A likely atmospheric source of perfluorinated carboxylic acids [J]. Environmental science and technology, 2004, 38(12): 3316-3321.

[121] KANNAN K, CORSOLINI S, FALANDYSZ J, et al. Perfluorooctanesulfonate and related fluorochemicals in human blood from several countries[J]. Environmental science and technology, 2004, 38(17): 4489-4495.

[122] MARTIN J W, SMITHWICK M M, BRAUNE B M, et al. Identification of long-chain perfluorinated acids in biota from the Canadian Arctic[J]. Environmental science and technology, 2004, 38(2): 373-380.

[123] KIM S K, KANNAN K. Perfluorinated acids in air, rain, snow, surface runoff, and lakes: relative importance of pathways to contamination of urban lakes[J]. Environmental science and technology, 2007, 41(24): 8328-8334.

[124] SUN H W, LI F S, ZHANG T, et al. Perfluorinated compounds in surface waters and WWTPs in Shenyang, China: mass flows and source analysis[J]. Water research, 2011, 45(15): 4483-4490.

[125] KEY B D, HOWELL R D, CRIDDLE C S. Fluorinated organics in the biosphere[J]. Environmental science and technology, 1997, 31(9): 2445-2454.

[126] LAU C, BUTENHOFF J L, ROGERS J M. The developmental toxicity of perfluoroalkyl acids and their derivatives[J]. Toxicology and applied pharmacology, 2004, 198(2): 231-241.

[127] HORI H, YAMAMOTO A, HAYAKAWA E, et al. Efficient decomposition of environmentally persistent perfluorocarboxylic acids by use of persulfate as a photochemical oxidant[J]. Environmental science and technology, 2005, 39(7): 2383-2388.

[128] QIAN Y J, GUO X, ZHANG Y L, et al. Perfluorooctanoic acid degradation using UV-persulfate process: modeling of the degradation and chlorate formation[J]. Environmental science and technology, 2016, 50(2): 772-781.

[129] LIANG X Y, CHENG J H, YANG C, et al. Factors influencing aqueous perfluorooctanoic acid (PFOA) photodecomposition by VUV irradiation in the presence of ferric ions[J]. Chemical engineering journal, 2016, 298: 291-299.

[130] CHEN J, ZHANG P Y, LIU J. Photodegradation of perfluorooctanoic acid by 185 nm vacuum ultraviolet light[J]. Journal of environmental sciences (China), 2007, 19(4): 387-390.

[131] GIRI R R, OZAKI H, MORIGAKI T, et al. UV photolysis of perfluorooctanoic acid (PFOA) in dilute aqueous solution[J]. Water Science and Technology: a journal of the international association on water pollution research, 2011, 63(2): 276-282.

[132] QU X H, WANG H, ZHANG Q Z, et al. Mechanistic and kinetic studies on the homogeneous gas-phase formation of PCDD/Fs from 2, 4, 5-trichlorophenol[J]. Environmental science and technology, 2009, 43(11): 4068-4075.

[133] ZHANG Q Z, QU X H, WANG H, et al. Mechanism and thermal rate constants for the complete series reactions of chlorophenols with H[J]. Environmental science and technology, 2009, 43(11): 4105-4112.

[134] XU F, YU W N, ZHOU Q, et al. Mechanism and direct kinetic study of the polychlorinated dibenzo-p-dioxin and dibenzofuran formations from the radical/radical cross-condensation of 2, 4-dichlorophenoxy with 2-chlorophenoxy and 2, 4, 6-trichlorophenoxy[J]. Environmental science and technology, 2011, 45(2): 643-650.

[135] WANG S, HAO C, GAO Z X, et al. Theoretical investigation on photodechlorination mechanism of polychlorinated biphenyls [J]. Chemosphere, 2014, 95: 200-205.

[136] NIU J F, LIN H, GONG C, et al. Theoretical and experimental insights into the electrochemical mineralization mechanism of perfluorooctanoic acid [J]. Environmental science and technology, 2013, 47(24): 14341-14349.

[137] MISHRA B K, CHAKRABARTTY A K, DEKA R C. Theoretical investigation of the gas-phase reactions of $CF_2ClC(O)OCH_3$ with the hydroxyl radical and the chlorine atom at 298 K[J]. Journal of molecular modeling, 2013, 19(8): 3263-3270.

[138] MISHRA B K, CHAKRABARTTY A K, DEKA R C. A theoretical investigation on the kinetics and reactivity of the gas-phase reactions of ethyl chlorodifluoroacetate with OH radical and Cl atom at 298 K[J]. Structural chemistry, 2014, 25(2): 463-470.

[139] FUJII Y, TUDA H, KATO Y, et al. Levels and profiles of long-chain perfluoroalkyl carboxylic acids in Pacific cod from 14 sites in the North Pacific Ocean[J]. Environmental pollution, 2019, 247: 312-318.

[140] TOMASI J, MENNUCCI B, CAMMI R. Quantum mechanical continuum solvation models[J]. Chemical reviews, 2005, 105(8): 2999-3094.

[141] BABIĆ S, PERIŠA M, ŠKORIĆ I. Photolytic degradation of norfloxacin, enrofloxacin and ciprofloxacin in various aqueous media [J]. Chemosphere, 2013, 91(11): 1635-1642.

[142] WANG Y, ZHANG P Y. Effects of pH on photochemical decomposition of perfluorooctanoic acid in different atmospheres by 185 nm vacuum ultraviolet[J]. Journal of environmental sciences (China), 2014, 26(11): 2207-2214.

[143] FUKUI K. Role of frontier orbitals in chemical reactions[J]. Science, 1982, 218(4574): 747-754.

[144] MAYER I. Bond order and valence indices: a personal account[J]. Journal of Computational chemistry, 2007, 28(1): 204-221.

[145] NOHARA K, TOMA M, KUTSUNA S, et al. Cl atom-initiated oxidation of three homologous methyl perfluoroalkyl ethers [J]. Environmental science and technology, 2001, 35(1): 114-120.

[146] DE BRUYN W J, SHORTER J A, DAVIDOVITS P, et al. Uptake of haloacetyl and carbonyl halides by water surfaces[J]. Environmental science and technology,1995,29(5):1179-1185.

[147] KUTSUNA S, NAGAOKA Y, TAKEUCHI K, et al. TiO_2-induced heterogeneous photodegradation of a fluorotelomer alcohol in air[J]. Environmental science and technology,2006,40(21):6824-6829.

[148] CHENG J H, LIANG X Y, YANG S W, et al. Photochemical defluorination of aqueous perfluorooctanoic acid (PFOA) by VUV/Fe^{3+} system[J]. Chemical engineering journal,2014,239:242-249.

[149] D'EON J C, MABURY S A. Production of perfluorinated carboxylic acids (PFCAs) from the biotransformation of polyfluoroalkyl phosphate surfactants (PAPS): exploring routes of human contamination[J]. Environmental science and technology,2007,41(13):4799-4805.

[150] ZHAO S, LIU T, ZHU L, et al. Formation of perfluorocarboxylic acids (PFCAs) during the exposure of earthworms to 6∶2 fluorotelomer sulfonic acid (6∶2 FTSA)[J]. Science of the total environment,2021,760:143356.

[151] D'EON J C, MABURY S A. Exploring indirect sources of human exposure to perfluoroalkyl carboxylates (PFCAs): evaluating uptake, elimination, and biotransformation of polyfluoroalkyl phosphate esters (PAPs) in the rat[J]. Environmental health perspectives,2011,119(3):344-350.

[152] CONDER J M, HOKE R A, DE WOLF W, et al. Are PFCAs bioaccumulative? A critical review and comparison with regulatory criteria and persistent lipophilic compounds[J]. Environmental science and technology,2008,42(4):995-1003.

[153] HORI H, MURAYAMA M, INOUE N, et al. Efficient mineralization of hydroperfluorocarboxylic acids with persulfate in hot water[J]. Catalysis today,2010,151(1):131-136.

[154] HORI H, ISHIDA K, INOUE N, et al. Photocatalytic mineralization of hydroperfluorocarboxylic acids with heteropolyacid $H_4SiW_{12}O_{40}$ in water[J]. Chemosphere,2011,82(8):1129-1134.

[155] GIRI R R, OZAKI H, OKADA T, et al. Factors influencing UV photodecomposition of perfluorooctanoic acid in water[J]. Chemical engineering journal,2012,180:197-203.

[156] TANG H, XIANG Q, LEI M, et al. Efficient degradation of perfluorooctanoic acid by UV-Fenton processs [J]. Chemical engineering journal, 2012, 184: 156-162.

[157] CHEN M J, LO S L, LEE Y C, et al. Photocatalytic decomposition of perfluorooctanoic acid by transition-metal modified titanium dioxide[J]. Journal of hazardous materials, 2015, 288: 168-175.

[158] QU Y, ZHANG C J, CHEN P, et al. Effect of initial solution pH on photo-induced reductive decomposition of perfluorooctanoic acid[J]. Chemosphere, 2014, 107: 218-223.

[159] LEE Y C, LO S L, CHIUEH P T, et al. Efficient decomposition of perfluoro-carboxylic acids in aqueous solution using microwave-induced persulfate[J]. Water research, 2009, 43(11): 2811-2816.

[160] CHEN Y C, LO S L, KUO J. Effects of titanate nanotubes synthesized by a microwave hydrothermal method on photocatalytic decomposition of perfluorooctanoic acid[J]. Water research, 2011, 45(14): 4131-4140.

[161] DING Y B, ZHOU P, TANG H Q. Visible-light photocatalytic degradation of bisphenol A on $NaBiO_3$ nanosheets in a wide pH range: a synergistic effect between photocatalytic oxidation and chemical oxidation[J]. Chemical engineering journal, 2016, 291: 149-160.

[162] LI Y, YANG S G, SUN C, et al. Aqueous photofate of crystal violet under simulated and natural solar irradiation: Kinetics, products, and pathways[J]. Water research, 2016, 88: 173-183.

[163] MAO L, MENG C, ZENG C, et al. The effect of nitrate, bicarbonate and natural organic matter on the degradation of sunscreen agent p-aminobenzoic acid by simulated solar irradiation[J]. The science of the total environment, 2011, 409(24): 5376-5381.

[164] CANONICA S, KOHN T, MAC M, et al. Photosensitizer method to determine rate constants for the reaction of carbonate radical with organic compounds[J]. Environmental science & technology, 2005, 39(23): 9182-9188.

[165] LARSON R A, ZEPP R G. Reactivity of the carbonate radical with aniline derivatives[J]. Environmental toxicology and chemistry, 1988, 7(4): 265-274.

[166] VIONE D, MAURINO V, MINERO C, et al. Modelling the occurrence

and reactivity of the carbonate radical in surface freshwater[J]. Comptes rendus- chimie,2008,12(8):865-871.

[167] ZENG C,JI Y F,ZHOU L,et al. The role of dissolved organic matters in the aquatic photodegradation of atenolol [J]. Journal of hazardous materials,2012,240:340-347.

[168] ZHANG Y,ZHOU L,ZENG C,et al. Photoreactivity of hydroxylated multi-walled carbon nanotubes and its effects on the photodegradation of atenolol in water[J]. Chemosphere,2013,93(9):1747-1754.

[169] VOELKER B M,MOREL F M M,SULZBERGER B. Iron redox cycling in surface waters: effects of humic substances and light [J]. Environmental science and technology,1997,31(4):1004-1011.

[170] WENK J,VON GUNTEN U,CANONICA S. Effect of dissolved organic matter on the transformation of contaminants induced by excited triplet states and the hydroxyl radical [J]. Environmental science and technology,2011,45(4):1334-1340.

[171] QU R J,LIU J Q,LI C G,et al. Experimental and theoretical insights into the photochemical decomposition of environmentally persistent perfluorocarboxylic acids[J]. Water research,2016,104:34-43.

[172] MASTERS A P,SORENSEN T S,ZIEGLER T. A new synthesis of reactive ketenes (solutions)[J]. The journal of organic chemistry,1986, 51(18):3558-3559.

[173] DARLING S D,KIDWELL R L. Diphenylketene. Triphenylphosphine dehalogen-ation of. alpha.-bromodiphenylacetyl bromide [J]. The Journal of organic chemistry,1968,33(10):3974-3975.

[174] WANG Y, ZHANG P Y, PAN G, et al. Ferric ion mediated photochemical decomposition of perfluorooctanoic acid (PFOA) by 254 nm UV light[J]. Journal of hazardous materials,2008,160(1):181-186.

[175] BIZKARGUENAGA E,ZABALETA I,PRIETO A,et al. Uptake of 8∶2 perfluoroalkyl phosphate diester and its degradation products by carrot and lettuce from compost-amended soil[J]. Chemosphere,2016, 152:309-317.

[176] COE PAUL L,MILNER NIGEL E,ANTHONY S J. Reactions of perfluoroalkylcopper compounds. Part V. The preparation of some polyfluoroalkyl-substituted acids and alcohols[J]. Journal of the chemical society, perkin

transactions 1975,1(7):654.

[177] WANG N, BUCK R C, SZOSTEK B, et al. 5∶3 Polyfluorinated acid aerobic biotransformation in activated sludge via novel "one-carbon removal pathways"[J]. Chemosphere,2012,87(5):527-534.

[178] XU B T, AHMED M B, ZHOU J L, et al. Photocatalytic removal of perfluoroalkyl substances from water and wastewater: mechanism, kinetics and controlling factors[J]. Chemosphere,2017,189:717-729.

[179] LIU J, LI C, QU R, et al. Kinetics and mechanism insights into the photodegradation of hydroperfluorocarboxylic acids in aqueous solution [J]. Chemical engineering journal, 2018, 348: 644-652.

[180] QU R, LI C, PAN X, et al. Solid surface-mediated photochemical transformation of decabromodiphenyl ether (BDE-209) in aqueous solution[J]. Water research,2017,125:114-122.

[181] XU X X, CHEN J, QU R J, et al. Oxidation of Tris (2-chloroethyl) phosphate in aqueous solution by UV-activated peroxymonosulfate: Kinetics, water matrix effects, degradation products and reaction pathways[J]. Chemosphere,2017,185:833-843.

[182] HUANG J, WANG X, PAN Z, et al. Efficient degradation of perfluorooctanoic acid (PFOA) by photocatalytic ozonation [J]. Chemical engineering journal, 2016, 296: 329-334.

[183] LIU J Q, QU R J, WANG Z Y, et al. Thermal- and photo-induced degradation of perfluorinated carboxylic acids: Kinetics and mechanism [J]. Water research,2017,126:12-18.

[184] SUN Z Y, ZHANG C J, CHEN P, et al. Impact of humic acid on the photoreductive degradation of perfluorooctane sulfonate (PFOS) by UV/Iodide process[J]. Water research,2017,127:50-58.

[185] WALSE S S, MORGAN S L, KONG L, et al. Role of dissolved organic matter, nitrate, and bicarbonate in the photolysis of aqueous fipronil[J]. Environmental science and technology,2004,38(14):3908-3915.

[186] CHEN Y, ZHANG K, ZUO Y G. Direct and indirect photodegradation of estriol in the presence of humic acid, nitrate and iron complexes in water solutions[J]. The science of the total environment, 2013, 463/464: 802-809.

[187] WALLINGTON T J, HURLEY M D, XIA J, et al. Formation of

$C_7F_{15}COOH$ (PFOA) and other perfluorocarboxylic acids during the atmospheric oxidation of 8∶2 fluorotelomer alcohol[J]. Environmental science and technology,2006,40(3):924-930.

[188] WASHINGTON J W,JENKINS T M,WEBER E J. Identification of unsaturated and 2H polyfluorocarboxylate homologous series and their detection in environmental samples and as polymer degradation products [J]. Environmental science and technology,2015,49(22):13256-13263.

[189] GAUTHIER S A, MABURY S A. Aqueous photolysis of 8∶2 fluorotelomer alcohol [J]. Environmental toxicology and chemistry, 2005,24(8):1837-1846.

[190] PHILLIPS M M,DINGLASAN-PANLILIO M J,MABURY S A,et al. Fluorotelomer acids are more toxic than perfluorinated acids [J]. Environmental science and technology,2007,41(20):7159-7163.

[191] SU H Q,SHI Y J,LU Y L,et al. Home produced eggs:an important pathway of human exposure to perfluorobutanoic acid (PFBA) and perfluorooctanoic acid (PFOA) around a fluorochemical industrial park in China[J]. Environment international,2017,101:1-6.

[192] SANSOTERA M,PERSICO F,PIROLA C,et al. Decomposition of perfluorooctanoic acid photocatalyzed by titanium dioxide:chemical modification of the catalyst surface induced by fluoride ions[J]. Applied catalysis B:environmental,2014,148/149:29-35.

[193] MITCHELL S M, AHMAD M, TEEL A L, et al. Degradation of perfluorooctanoic acid by reactive species generated through catalyzed H_2O_2 propagation reactions[J]. Environmental science and technology letters,2014,1(1):117-121.

[194] RANKIN K,MABURY S A,JENKINS T M,et al. A North American and global survey of perfluoroalkyl substances in surface soils: distribution patterns and mode of occurrence[J]. Chemosphere,2016, 161:333-341.

[195] XIAO F,SIMCIK M F,HALBACH T R,et al. Perfluorooctane sulfonate (PFOS) and perfluorooctanoate (PFOA) in soils and groundwater of a U.S. metropolitan area:migration and implications for human exposure [J]. Water research,2015,72:64-74.

[196] WANG T Y,LU Y L,CHEN C L,et al. Perfluorinated compounds in

estuarine and coastal areas of North Bohai Sea, China[J]. Marine pollution bulletin,2011,62(8):1905-1914.

[197] WANG P,WANG T Y,GIESY J P,et al. Perfluorinated compounds in soils from Liaodong Bay with concentrated fluorine industry parks in China[J]. Chemosphere,2013,91(6):751-757.

[198] SHAN G Q,WEI M C,ZHU L Y,et al. Concentration profiles and spatial distribution of perfluoroalkyl substances in an industrial center with condensed fluorochemical facilities[J]. The science of the total environment,2014,490:351-359.

[199] PAN Y Y,SHI Y L,WANG J M,et al. Pilot investigation of perfluorinated compounds in river water, sediment, soil and fish in Tianjin, China [J]. Bulletin of Environmental contamination and toxicology,2011,87(2):152-157.

[200] LIOU J S,SZOSTEK B,DERITO C M,et al. Investigating the biodegradability of perfluorooctanoic acid [J]. Chemosphere, 2010, 80(2):176-183.

[201] LUO Q,LU J H,ZHANG H,et al. Laccase-catalyzed degradation of perfluorooctanoic acid [J]. Environmental science and technology Letters,2015,2(7):198-203.

[202] DA SILVA-RACKOV C K O,LAWAL W A,NFODZO P A,et al. Degradation of PFOA by hydrogen peroxide and persulfate activated by iron-modified diatomite[J]. Applied catalysis B:environmental,2016, 192:253-259.

[203] PENG Y P, CHEN H L, HUANG C. The synergistic effect of photoelectrochemical (PEC) reactions exemplified by concurrent perfluorooctanoic acid (PFOA) degradation and hydrogen generation over carbon and nitrogen codoped TiO_2 nanotube arrays (C-N-TNTAs) photoelectrode[J]. Applied catalysis B:environmental, 2017, 209: 437-446.

[204] TIAN H T,GU C. Effects of different factors on photodefluorination of perfluorinated compounds by hydrated electrons in organo-montmorillonite system[J]. Chemosphere,2018,191:280-287.

[205] AHN M Y,FILLEY T R,JAFVERT C T,et al. Photodegradation of decabromodiphenyl ether adsorbed onto clay minerals,metal oxides,and

sediment[J]. Environmental science and technology, 2006, 40(1): 215-220.

[206] ROMANIAS M N, ANDRADE-EIROA A, SHAHLA R, et al. Photodegradation of pyrene on Al_2O_3 surfaces: a detailed kinetic and product study[J]. Journal of physical chemistry A, 2014, 118(34): 7007-7016.

[207] SÖDERSTROM G, SELLSTRÖM U, DE WIT C A, et al. Photolytic debromination of decabromodiphenyl ether (BDE-209)[J]. Environmental science and technology, 2004, 38(1): 127-132.

[208] LAGALANTE A F, SHEDDEN C S, GREENBACKER P W. Levels of polybrominated diphenyl ethers (PBDEs) in dust from personal automobiles in conjunction with studies on the photochemical degradation of decabromodiphenyl ether (BDE-209)[J]. Environment international, 2011, 37(5): 899-906.

[209] DUNNE M, CORRIGAN I, RAMTOOLA Z. Influence of particle size and dissolution conditions on the degradation properties of polylactide-co-glycolide particles[J]. Biomaterials, 2000, 21(16): 1659-1668.